真珠湾に入港するガトー級潜水艦ティノサ。艦尾を見せているのはパラオ級潜水艦スペードフィッシュ。スペードフィッシュは空母「神鷹」を撃沈している。作戦を終えて潜水艦基地で補給と乗員の休養を行ない、新たな任務に備える。左写真は巨大な魚雷と同居する乗員の寝床。狭い艦内には日米の差はない。

特設駆潜艇に装備された爆雷投射機

上写真は爆雷を投下する駆潜艇。左写真は投下機に置かれた爆雷。大戦末期には内地と南方を結んだ艦船は数多くが米潜水艦に沈められ、爆雷装置が増強された。攻撃能力は強化されたが、潜航中の潜水艦の探知能力は低く、雷撃により敵潜の存在を知ることになる。

NF文庫
ノンフィクション

新装版

潜水艦攻撃

日本軍が撃沈破した連合軍潜水艦

木俣滋郎

潮書房光人社

はじめに

潜水艦は「沈黙の部隊」と言われる。帰港予定日をすぎても帰って来ず、神様からも忘れられたように行方不明というのが、多くの潜水艦の運命なのだ。だから「その加害者はだれか?」を、だれしもが知りたい。本書は第二次大戦で日本海軍が撃沈したアメリカ、イギリス、オランダの潜水艦の最後の状況を第一部で述べた。次にとどめを刺すには至らなかったが、損傷を与えた場合を第二部で記述した。

しかし、戦史の検討にはつきものの、資料の食い違いや、差が生ずることも多い。完璧を期する方が無理な性格のものなのである。第一部、第二部ともに戦争の中期までは駆逐艦が主役であった。小型の駆潜艇は意外に戦果をあげていない。波に弱いためだろうか? だが中期以降は、マスプロされた海防艦が対潜作戦の中心となる。その装備する三式水中探信儀(一九四三年=昭和十八年採用のソナー)が優秀だったからであろう。

第一部の撃沈の場合、撃沈された敵潜水艦は、乗組員のほとんどが戦死となる。ところが、損傷させただけの第二部では、どこの部分に、どの程度の被害が生じたかが判明している。

一九四四年（昭和十九年）になると、インド洋のイギリス潜水艦は、浮上して砲撃により日本の小型船を撃沈しようとする。その際「窮鼠、猫をかむ」の諺どおり、商船や小型の護衛艦に反撃され、損傷するケースが多発する。

なお本書は、彼我の資料の一致しているもののみを選んで記述している。つまり多くの部分をあえて承知の上でカットしてある。

著者

潜水艦攻撃——目次

第一部　撃沈した潜水艦

第二部　損傷させた潜水艦

潜水艦攻撃

日本軍が撃沈破した連合軍潜水艦

第一部　撃沈した潜水艦

プロローグ

潜水艦が兵器として出現した第一次大戦以来、これを撃沈するための様々な手段と戦法が考えられてきた。ことに第二次大戦中はレーダーやソナーなどの索敵兵器の進歩により、潜水艦の探知も容易となり、その攻撃法も前投兵器などの開発などで、かなり攻撃側に有利となってきた。ただし、これは大西洋において熾烈な対潜戦闘を体験した連合国側の場合で、大西洋においては逆に連合国側、主にアメリカが日本に対してその潜水艦勢力の全てを投入して、通商破壊戦を実施した。これに対して日本海軍は、ほとんど対策のないまま開戦を迎え、被害の増大とともにあわてて泥縄式の対策を講じたものの、結局、効果を発揮できないまま敗戦となったのが実情であった。

一般的に潜水艦に対する攻撃の効果は判別しにくいのが普通である。爆雷攻撃で重油が湧き上がってきても、本当に沈没した証拠とはいえず、相手を欺瞞するために、わざと重油や備品などを放出する場合もある。このため英海軍では、撃沈の証拠として最も確実な潜水艦乗員自身、または遺体、さらには遺体の一部でさえも証拠として提出することを要求していたほどであった。

第二次大戦中に失われた連合国潜水艦は、アメリカ五二隻、イギリス七六隻、オランダ一三隻が主なもので、このほかにソ連がかなり多数を失っているらしいが、正確な数はわからない。

アメリカの五二隻中、大西洋方面や事故で失ったものを除くと、実際に日本側との戦闘行為で失われたものは四六隻（大破二隻を含む）に上る。

同様にイギリスの喪失艦七六隻のうち、対日戦での喪失は五隻（大破放棄二隻を含む）である。またオランダの一三隻中、対日戦関係は八隻（港内で自沈したものも含む）であった。このほか、ソ連の潜水艦の内、一隻は確実に日本側の手で撃沈されているが、これはまだソ連が対日参戦以前の誤認による攻撃なので除外する。結局、太平洋戦争中に日本が沈めたり、大破させた連合国側の潜水艦は、合計五九隻ということになる。

太平洋戦争中に、大本営海軍部が発表した敵潜水艦の撃沈数は、終戦までに三〇五隻に達するから、実際の戦果より約六倍近い、誇大なものであったが、これは潜水艦のみに限ったことではない。

ここでは、この日本側が沈めたり、大破させた連合国側の潜水艦五九隻を、沈没日付順にたどってみることにする。先にも述べたように、潜水艦の戦没原因は、いつ、どこで、だれがといった確実なデータがそろっているケースは少なく、内外の資料をつき合わせても、確実な答えがみつかるとは限らない。中には推定に頼らざるを得ない場合もあることをお断わりしておく。

ここで用いた主要資料は次のとおりである。

潜水艦攻撃調書・全三巻（第二復員局資料）
艦艇功績要覧（戦史室）
公刊戦史（戦史室編、朝雲新聞社）
各部隊の戦時日誌等（戦史室）
United States Submarine Losses (Naval History Division, Washington)
US Submarine Operation in WWII (by T. Roscoe)
Silent Victory (By Clay Blain)
British Submarine at War (by Alastair Mars)
The British Submarine (by F. W. Lipscomb)
Summary of War Damage (US Navy, Reprint), The Floating Dry Dock.
Chronology of the War at Sea (by J. Rohwer & G. Hummelchen)
Royal Netherland Navy (by H. T. Lenton)

太平洋戦争開戦前後における連合国側潜水艦の配置はつぎのとおりであった。

アメリカ（一九四一年十二月）
太平洋　　　　五一隻
（内ハワイ在）　二二隻　｝一一一隻
大西洋　　　　六〇隻

イギリス（一九四二年一月）

地中海	三五隻	七六隻
本国	二六隻	
大西洋	一〇隻	
その他	五隻	

オランダ（一九四二年一月）

本国（イギリス）	七隻	一七隻
蘭印	一〇隻	

ソ連（一九四一年中期）

バルト海	六五隻	二一八隻
北氷洋	一五隻	
太平洋	九一隻	
黒海	四七隻	

一九四一年（昭和十六年）

開戦時、米海軍はフィリピンにアジア艦隊（ハート大将）を配置していた。その中には潜水艦がかなりの兵力を占めており、潜水艦二七隻が五個潜水隊を編成していた。これらはフィリピン諸島の防衛が任務で、日本艦隊に対抗できる最も有力な兵力だった。米アジア艦隊はマニラとキャビテに配置されていたが、開戦とともに台湾に布陣した第十一航空艦隊（塚原二四三中将）の連日の爆撃で、米陸軍航空隊は大きな損害を受けていた。

①シーライオン（米）／一九四一年十二月十日

〈九六陸攻による〉

開戦三日目の十二月十日、第二十一航空戦隊に属する第一航空隊は九六陸攻二七機をもって、台南からキャビテ爆撃に出撃した。午前十時三分、台南を離陸した各機は、午後二時十分に第一、二中隊の一七機がキャビテを爆撃、第三中隊の九機は三五分おくれてマニラ湾の艦船、ついでキャビテ工廠を初爆撃した。このときの戦果を日本側は、工廠の桟橋に係留中の潜水艦二隻に直撃弾各一発、火災発生と報告した。

このとき、キャビテ工廠の桟橋には、内側から「シードラゴン」「シーライオン」、掃海艇「ビッターン」の三隻が係留されていた。当日まで空襲がなかったとはいえ、潜水艦が不用意に係留されたままでいたのは、たまたま工廠でのオーバーホール中で、動けなかったからで、その完成予定日は十二月十二日だった。

爆撃された時、「シーライオン」艦上には艦長のボージ中佐と副長、兵三名がいたのみで、他の乗員は艦内にいた。九六陸攻は高高度から六〇キロ爆弾を投下、最初の爆弾は「シーライオン」の後方九〇～一八〇メートルほどのところに着弾した。これを見て、艦長は艦内へ入るように命令したが、これは余り適切な指示とはいえなかった。

その直後に二発が同艦を直撃、一発は司令塔の後方に命中、機銃座を破壊、発令所の数フィート上の船体外で炸裂、数区画を破壊、さらにその破片で隣の「シードラゴン」の士官一名も戦死した。もう一弾はメイン・バラスト・タンクと内殻船体を貫通、後部機関室の後端で炸裂した。このため四名が戦死する。

この命中で後部機関室はたちまち浸水、「シーライオン」は艦尾を着底してしまい、最終的に同艦は右に一五度傾いたまま、上甲板の四〇パーセントが水面下に没した状態となった。

「シーライオン」の損傷は大きく、モーターなどの動力部分が水没、その修理はとても戦時下のキャビテでは無理と判断され、また本国への回航も断念された。結局、二週間後の十二月二十五日、クリスマスの日に、「シーライオン」は迫り来る日本軍の手に落ちることを予想して、艦内の通信、水測装置などの重要装備を撤去、または破壊したのち、船体も三発の爆雷を用いて爆破処分された。

この開戦三日目に被爆した「シーライオン」が結局、日本の撃沈した連合国潜水艦の第一号となったもので、これはまた日本海軍が戦争行為で沈めた史上初の敵潜水艦でもあった。しかし、この日本機の爆撃での最大の戦果は、この「シーライオン」の撃沈ではなく、キャビテにあった米潜水艦用魚雷二三三本を一挙に破壊したことだった。このため、以後数ヵ月にわたって米潜水艦は魚雷の不足に悩み、攻撃が大幅に制限されることになるのだった。

②O16（オランダ）／一九四一年十二月十五日

〈特設敷設艦辰宮丸の敷設機雷による〉

開戦時、オランダ海軍は古い予備艦を含めて一六隻の潜水艦を蘭印方面に持っていた。オランダ潜水艦は番号で呼ばれ、番号の前にOやKの英文字がついていたが、Oはヨーロッパの本国艦隊用、Kは蘭印艦隊用（現インドネシア。当時、オランダ領インド、蘭印と称した）である。しかし、本国が一九四〇年五月、ドイツに降伏してしまうとO型潜水艦の一部はイギリスに逃れ、さらにのち極東に回航してきた。だから開戦時、K型一二隻とO型四隻がジャワやスマトラ島に在った。彼らはバタビア（現ジャカルタ）やスラバヤを基地としていた。

一九四一年九月の会議で、オランダ潜水艦は日本との戦争の際、シンガポールを基地として英海軍の指揮下で作戦するよう協定が成立した。

英海軍は開戦時、潜水艦を一隻も極東方面にもっていなかったから、オランダ潜水艦の助けは、マレーやシンガポールの防衛にぜひ必要だった。英海軍は本来、潜水母艦「メドウェー」を中心にP、Rクラス潜水艦（第四潜水戦隊八隻）を極東方面に配置していたのだが、イタリアの参戦によって地中海へ引き揚げてしまっていた。本国ではオランダのO型潜水艦は英潜水戦隊の一部に編入して行動していたから、極東でも同じパターンを採用しようとしたのである。

*

オランダ潜水艦O16、K11、12、13、17の五隻は、開戦二日目の一九四一年十二月十日、タイ、マレーの東岸を北上して日本の輸送船団を攻撃するよう命令された。このうちO16とK17は開戦時すでにシンガポールに入港していた。彼らの目標は南シナ海の海南島や仏印から出撃した第二十五軍（富兵団、山下奉文中将）三個師団の乗る日本船団だった。

O16は十二月十二日の夜、マレー半島東岸パタニ沖で日本船団を雷撃、陸軍の優秀船三隻を大破させるという大戦果をあげた。東山丸（八六六六総トン、大阪商船）、金華山丸（四九八〇総トン、三井船舶）、阿蘇山丸（八八一一総トン、三井船舶）、護衛部隊のいない荷役中の船団を襲ったのは、O16の好運といえよう。艦長バスメーカー少佐は英海軍のD・S・O（殊勲章）を授与されることになる。ところがO16はいさんでシンガポールへ向け帰途についたきり行方不明となってしまった。

じつは同艦はマレー半島パタニの東方、チオマン島付近で、十二月十五日、機雷に触れて沈没してしまったのだ。ただ一人の生存者が三六時間も漂流した後、五日後、シンガポールへ後送されて来て、やっとその最後が判明したのだった。O16はこの機雷原の存在を英海軍から通知されていなかった。最近までO16は英軍の機雷により沈没したと記録されていた。

しかし、開戦九ヵ月前と開戦当日に英軍が機雷を敷設したのは、もっと南の二個所の水域だ。となると、この機雷を敷設したのはだれかということになる。その答えは第十七戦隊の特設敷設艦辰宮丸（六三四三総トン、辰馬汽船）である。

同艦は一九四一年十二月三日、海南島より護衛もなく、ただ一隻で南下、十二月七日の未明（開戦一日前）に同海域に九三式係維触発機雷四五六個を六〇～七〇メートルの間隔で敷設したのだ。予定では六五〇個であったが、途中、英空軍のロッキード・ハドソン哨戒機やオランダのドルニエ24型飛行艇に接触されたため、それ以上の敷設を断念したのだった。九三式機雷は昭和八年に制式化した、太平洋戦争中、最もポピュラーな機雷であった。重量〇・七一トン、球状部分の直径は八六センチで、八八式または九七式炸薬を一〇〇キロも詰めていた。辰宮丸の敷設した位置と、O16の設雷した位置とがピタリと一致するから、敷設より八日後、早くも「獲物」がかかったことになる。なお、この機雷原は敵潜水艦に対するものというより、むしろ戦艦「プリンス・オブ・ウェールズ」の北上を阻止せんとするものだったようだ。

③O20（オランダ）／一九四一年十二月十九日

〈水偵、駆逐艦「天霧」「綾波」「浦波」、駆潜艇8号による〉

O20もO16と同様、日本の呂号に相当する中型潜水艦である。しかしO20は16よりわずかに大きく、また新しかった。サー・G・レイトン中将（英）は、マレー沖海戦で戦艦「プリンス・オブ・ウェールズ」と共に戦死したトマス・フィリップス中将の後任として英極東艦隊司令長官のポストに就いた。彼は十二月十一日、ただちに二隻のオランダ潜水艦O19とO20に対し、バタビアを出てシンガポールに進出するよう命じた。日本軍のマレー上陸船団が続々とやって来たからだ。

じつはこの船団は十二月十三日に、仏印のカムラン湾を出港したものであり、途中、シンゴラ、パタニに向かうものと分離していた。佗美支隊の第二次上陸部隊が五隻の輸送船に分乗して、十二月十六日の午前四時四十五分、マレー半島東岸のコタバル沖に到着した。

さて、小型機雷四〇個を搭載できるO20は、ボルネオ～シンガポール間のタンベラン諸島付近に機雷を敷設後、コタバル沖に現われた。

コタバルはO16の暴れたパタニの八〇海里南東にある。O20もO16と同様、めざす目標をキャッチしたのだ。しかし今回は船団には護衛部隊がついていた。護衛は第三水雷戦隊（橋本信太郎少将）である。その旗艦「川内」より発進した九四式水偵は十二月十九日の午後十二時五分、コタバルの北北東一〇海里にO20が浅深度でひそんでいるのを発見した。同機が高度二〇〇メートルより六〇キロの小型爆弾二発を投下すると、黒い影から多量の空気が噴出してきた。水偵は「第一弾、司令塔に命中」と報告したが、のちの捕虜の言によると命中しなかったようだ。同じ第三水雷戦隊の「天霧」「綾波」「浦波」と駆潜艇8号も駆けつけ、午後一時六分より三時間にわたり爆雷一八個を投下した。

やがて船団が荷役を終えたので、第三水雷戦隊も船団を護衛して現場を去ることとなった。しかし、橋本少将は負傷したO20がいずれ浮上してくるに違いないと判断、「浦波」一隻を現場に残した。六時間後の午後十時二十七分、一二ノットで付近を警戒中の「浦波」は、右舷前方七キロにO20が左へ向け、T字形に艦首を横切ろうとしているのを発見した。忍耐強く待っていた「浦波」は二六ノットに速力を上げ、九分後、四キロの距離から探照灯で照射しつつ、一二・七センチ砲の射撃を開始した。

O20は先に「天霧」や駆潜艇8号らの爆雷攻撃により損傷し、すでに潜航が不可能となっていたのである。O20は健気にも八・八センチ砲で応戦しつつ、突進してくる「浦波」に対して艦尾より魚雷二本を発射したが命中しなかった。その間、「浦波」は三四発の一二・七センチ砲弾を撃ち、爆雷二個を投下した。O20の艦長P・G・J・スニッペ少佐は「総員退艦」を命令したが、救助された者の中に彼の姿はなかった。翌十二月二十日、「浦波」はO20の士官五名、准士官六名、下士官二一名が波間に泳いでいるのを発見、彼らを救助した。「浦波」が辛抱強く六時間も待ち続けたのが成功の原因であろう。

なお「浦波」の乗組員はボートを下ろしてO20に乗り込んで捕獲したが、すぐO20は沈没してしまった。そのとき、敵機密文書を押収して、この敵が開戦前の十月末から対日作戦を開始した旨が判明した。この書類は現地司令官より軍令部へ速報されたという（雑誌「丸」一九〇号、福井静夫）。

④K17（オランダ）／一九四一年十二月二十一日～二十二日？
〈機雷？による〉

十二月も後半になると、オランダ潜水艦は続々と犠牲者を出す。三番目はK17だ。同艦はO16と共に最も早くからシンガポールを基地として任務につき、タイ湾の南部で日本のマレー上陸船団を攻撃した。

しかし、K17の最後はつまびらかではない。アラスター・マースの『British Submarines at War』では「K17もO16と同じく（辰宮丸の敷設した）機雷により沈没したものと推定される」としている。そのほか次の二つの対潜記録も残っているが、後に述べるように日付の点で無理があるようだ。
一、十二月二十一日、マレー半島パタニ灯台の沖で船団を護衛中の第十一駆潜隊、駆潜艇第8号が爆雷を投下、対潜攻撃を実施。
二、十二月二十二日、シンゴラ東方で特設水上機母艦相良丸（七一八九総トン、日本郵船、第十二航空戦隊所属）は陸兵の乗った船団の対潜警戒にあたっていた。そのとき水偵が敵潜水艦を発見して六〇キロの小型爆弾を投下、のちに第一掃海隊の第4、5号掃海艇が到着して付近を制圧した。
H・T・レントンの『Royal Netherland Navy』によると、K17は「喪失の原因、場所、日付は不明であり、十二月十九日付で抹消」とある。とすると十二月十一日ころ、シンガポールを出撃、北上したまま例の機雷原に踏み込み沈没、行方不明となったと見るのが妥当かも知れない。このほかシンガポール海峡の東にも、第六潜水戦隊の伊一二一、一二二がそれぞれ四二個の八八式機雷を十二月七日に敷設している。シンガポールからマレー半島東岸に出るには、必ずここを通るからK17は辰宮丸のではなく、この古いドイツ式の潜水艦機雷の犠牲となった可能性もある。

⑤K16（オランダ）／一九四一年十二月二十五日

〈潜水艦伊一六六による〉

日本海軍の四隻目の戦果もオランダ艦だった。

日本軍はマレー半島攻略よりもややおくれて、ボルネオのミリとクチンとに対して敵前上陸を開始することとなった。石油資源をおさえるためである。しかし、クチンの様子がわからないので第五潜水戦隊、第三十潜水隊の伊一六六が泊地の偵察を命ぜられた。仏印カムラン湾より出撃した伊一六六は、十二月十六日、クチン沖合に達し、港の状況を偵察、大した敵兵力もいないらしい旨を報告した。そこで同地占領のため陸軍と横須賀第二特別陸戦隊をそれぞれ五隻ずつの輸送船に分乗させた船団が仏印より南下した。

ところが十七日、オランダのドルニエ24型三発飛行艇に船団は発見される。英レイトン中将はこの方面のオランダ潜水艦の全兵力をボルネオのクチン沖に集結、上陸を阻止しようとした。

このとき、K16は第三水雷戦隊の「狭霧」を右後方より撃沈させ、K18もこの水域に入ってから日本機の空襲で損傷した。クチン上陸は十二月二十四日に決行され、日本側は多大の出血を見る。K14は日吉丸（四九四三総トン、北日本汽船）、香取丸（九八四九総トン、日本郵船）、第二雲洋丸（二八二七総トン、中村汽船）の三隻を沈めて、艦長はD・S・O勲章を授与された。

この間、例の伊一六六は翌十二月二十五日、クチンの北西六〇海里に在った。敵潜水艦がウヨウヨしている水域に味方潜水艦も存在することは危険この上もない。味方打ちの心配があるからだ。しかしこの日、伊一六六は幸運だった。

同艦は午前十一時四十五分、右斜め前方に浮上中のK16を発見した。K16は排水量七七一トンで伊一六六の約半分しかない。しかし伊一六六の艦長は敵を「大型潜水艦」と報告している。一三分後の十一時五十八分、伊一六六は魚雷一本を発射した。一本しか放たなかったのは、よほど自信があったのであろうか。やがて敵艦の命中音が聞こえた。これがK16の最期であり、日本潜水艦が沈めた史上初の敵潜水艦となった。駆逐艦「狭霧」の仇討ちは一日後、味方潜水艦によってなされたことになる。

第二次大戦中、日本の潜水艦が他国の潜水艦を撃沈した例は三回しかない。なお第四潜水戦隊の伊一五六も海南島から出撃してマレー半島コタバル沖で十二月八日の夜、浮上中のオランダ潜水艦に魚雷を発射したが命中していない。

このように、一九四一年十二月における敵潜水艦撃沈は五隻にのぼった。これは月間の撃沈数としては、のちのスコアに比べると非常に見事な成績であった。ただ米潜水艦の撃沈が少なかったが、これは一つに魚雷を失ったため、米潜水艦の出撃が少なかったせいと思われ、以後このような楽な撃沈は余り望めなくなる。なおオランダ第三潜水隊は、K14～16の三隻よりなっていた。

一九四二年（昭和十七年）

太平洋戦争のはじまった一九四一年十二月は、五隻撃沈という成果があがったけれど、翌一九四二年に入ると戦果はグーンと少なくなる。それでも二〜三月は、かなりの撃沈数を示した。

⑥シャーク（米）／一九四二年二月
〈駆逐艦「山風」、または「雷」？による〉

米アジア艦隊司令長官ハート大将を、マニラから蘭印のスラバヤまで脱出させたのが「シャーク」である。日本軍は石油の産地、蘭印へ上陸作戦を開始したが、これを阻止するためスラバヤのアメリカ、オランダ潜水艦は一九四二年二月、作戦を開始した。「シャーク」もその一隻である。だが「シャーク」は二月七日以降、消息を断ってしまった。同艦の最後については明確な結論は下せないが、可能性の高いものとしてはつぎのようなものがある。

まず最初は、第四水雷戦隊（西村祥治少将）の旗下の第二十四駆逐隊「山風」との交戦による沈没である。

「山風」は、二月十一日、セレベスのメナドの東方一二〇海里で敵潜と遭遇した。午前一時三十七分、「山風」は右舷横二海里に浮上中の敵潜を発見する。敵は北北西に向かっていた。七分後、「山風」は距離一一〇〇メートルの目標に対し九〇センチ探照灯を照射した。一分後、一二・七センチ砲の射撃を開始したが、射程は一三〇〇メートルに開いていた。「山風」は一二・七センチ砲四二発、二五ミリ機銃六〇発を一八ノットで走りつつ発射した。「山風」は左に右に敵との距離を保ちつつ砲撃を続けた。二分後、一時四十七分、「撃ち方やめ」が発せられる。

「山風」の右舷正横一八〇〇メートルほどで敵潜は沈みはじめていた。一〇分後、溺者数名の声が聞こえたが、「潜水艦攻撃調書」によると「言葉が聴きとれずオランダ潜水艦K11の乗組員とだけ判明した」とされている。しかし、乗員を捕虜にしたという記述はないから、これが「シャーク」であった可能性はあろう。

つぎは第一水雷戦隊（大森仙太郎少将）旗下の第六駆逐隊「雷」との戦闘である。当時、「雷」は蘭印のチモール島上陸作戦を支援するため出動した第五戦隊の重巡を、「曙」と共に護衛にあたっていた。

二月十七日午後十一時三十八分、セレベスのケンダリーに向け南下中、マヌイ島の北北東七二海里で「雷」は艦首前方一〇〇〇メートルを二本の魚雷が通過するのを発見した。十一時五十分、水中聴音機は探知を開始する。五四分後、つまり二月十八日午前零時四十四分、左舷斜め前方一四〇〇メートルに反応があった。一分後、目標の頭上で爆雷八個を投下する。

すると一分後、敵潜は左斜め前方一〇〇〇メートル付近からまた、魚雷を撃ってきた。一分後、敵潜はさらに二本を発射、それは「雷」の艦首八〇メートルを横切っていった。三本とも命中しなかったのは、敵潜にとって不運といえた。

ふと気づくと、浮上した敵潜が「雷」の左前方わずか七〇〇メートルに見える。しかし敵潜はすぐに潜航してしまった。そこで「雷」は潜没位置に突進して零時四十七分～五十分、爆雷八個を投下、七分後、探知を開始する。一時三分、再び反応があり、三〇〇メートルまで接近、二分後、「雷」は爆雷六個を投下した。反応はなくなり、多量の重油が海面に浮いてきた。これが敵潜の最期とすれば、「シャーク」であった可能性があった。

その他、可能性は小さいが二月二十一日、セレベス島ケンダリーの東方でも日本側の「敵潜水艦一隻撃沈」の記録がある。いずれにせよ「シャーク」はマニラでの「シーライオン」に続く、米潜水艦二隻目の喪失となった。なお、この二隻の間に旧式なS36、S26が失われているが、日本側の攻撃ではなく事故によるものであった。「シーライオン」は港内で停泊中に沈められたのだから、作戦中の米潜水艦に対する初戦果は、「シャーク」が最初ということにしてよいであろう。

⑦K7（オランダ）／一九四二年二月十八日

〈九六陸攻による〉

オランダの東洋方面における潜水隊は二、三隻ずつで編成された第一～第四潜水隊の四個潜水隊に分かれていた。しかし、K7は旧式で小型のため第一線の潜水隊に配属されていなかった。一九二〇年（大正九年）進水という艦齢は日本の呂一三級（海中二型）とほぼ同時期であり、五〇七トンという大きさでは沿岸防御か練習用が精一杯だった。当時、K7はジャワ島のスラバヤにあった。

二月十九日、いよいよ日本軍はバリ島に上陸することになった。そこで前日、敵の艦隊基地スラバヤを攻撃するために、第二十三航空戦隊の高雄航空隊はボルネオのバリクパパンより発進した。二三機の九六式陸上攻撃機はマニラで「シーライオン」を沈めたのと同型だ。このうち第一中隊には零戦（第三航空隊）の護衛がつかなかったため、米陸軍のカーチスP40戦闘機一二機の迎撃を受け三機が失われた。陸攻は港内の「巡洋艦二、駆逐艦三隻を大破」と報告したが、実際には、オランダの海防艦「スラバヤ」と潜水艦K7を撃沈したのだった。

普通、潜水艦は空襲を受けると、たとえ港内でも海底に沈座してじっと息をひそめ、敵機が去るのを待つのであるが、K7は幾週間もの間、空襲のたびごとに沈座をくり返してきた。これだけが日課なので、K7は主計兵や衛生兵など乗組員の数を減らしていた。

ところが二月十八日、海底に沈座中、とうとう爆弾が命中したのだ。すでに書いたように陸攻隊よりの報告には潜水艦撃沈の件はない。多分、駆逐艦らに至近弾となった爆弾が、偶然にも付近に沈座していたK7に命中したのだった。沈座中だから潜水艦の存在に気づかなかったのは当然だが、「怪我の功名」といえよう。K7の喪失によりオランダは開戦後三ヵ月にして早くも五隻目の潜水艦を失うことになった。

⑧K13（オランダ）／一九四二年二月二十四日
〈九六陸攻、または自沈〉

K13は先に述べたK7と同じく、小型の旧式艦だが、いくぶん艦齢は若かった。K13はオランダ海軍の第二潜水隊に属して、開戦時より英軍の指揮下に入り、マレー半島の防衛にあたっていた。だが、同艦は日本の第三水雷戦隊に制圧されて、シンガポール基地に帰ってきた。ところが十二月二十四日、K13は港内で突如、艦内爆発を起こしてしまう。爆発は電池室から起こったもので、三名の乗組員が死亡した。どこの国でも、水中用の動力として硫酸の液の中に鉛板を入れた一般的な電池を使っていたが、これは、水の電気分解で水素が発生したとき、この水素が空気中の酸素と結びつき、発電機などの火花（スパーク）が原因となって爆発を起こすことがあった。

一九四四年七月二十六日、パラワン島沖で爆発、沈没した米潜水艦「ロパロ」も、電池の爆発によるものと推定されている（これについてはのちに述べるが、機雷説もある）。K13は爆発により航行不能となった。艦内、とくに潜水艦は密閉された〝容器〟であり、換気、通風が他の艦より悪いから、発生した水素ガスは逃げ場がなく、爆発を起こすのである。

さて、K13の修理だが、シンガポールには英極東艦隊の修理工場があったものの、オランダ潜水艦用の備品や予備の電池までは用意していなかった。つまりスラバヤまで曳航して行くよりほかに、方法がなかったのだ。そこでK13はともかく、シンガポールからノロノロと曳航され、西方のジャワ島スラバヤへ向かった。

ところが、K13にとってスラバヤも安住の地ではなかった。去る二月十八日、スラバヤを爆撃して旧式なオランダ潜水艦K7を撃沈した第二十三航空戦隊の九六式陸上攻撃機は、続いて二月十九日、二十日、二十四日〜二十六日と連続してスラバヤ（タンチョン・プリオク港）の爆撃をくり返したからだ。

ここにはアメリカ、イギリス、オランダの連合軍海軍司令部があり、また重巡、軽巡、駆逐艦などが集結していた。今村均中将の第十六軍（治兵団）のうち、先遣隊はすでに二月十八日、バリ島に上陸、ジャワ島も危なくなっていた。スラバヤの港湾施設は連日の爆撃で大きな被害を受け、給水、電力供給、修理能力などが低下していた。

一九四二年二月二十四日、高雄航空隊の九六式陸上攻撃機九機はスラバヤ港を襲って「商船一隻撃沈」と報告、別の一五機はややおくれて「巡洋艦二、商船一隻撃破す」と報告した。巡洋艦と見られたのは港内のオランダ駆逐艦「バンケルト」であり、米駆逐艦「スチュワート」もドック内で損傷した。

このときの爆撃でK13は係留中に被爆、沈没したものらしい。もっとも、別の資料によるとK13は三月二日、スラバヤで自沈したとなっている。

これより二日後の二月二十六日、米旧式潜水艦S37がスラバヤでの修理を終えて脱出したが、同艦はスラバヤより脱出に成功した最後の連合軍潜水艦であった。このS37はオーストラリアへの脱出に成功した。

⑨K10（オランダ）／一九四二年三月二日

〈駆逐艦「天津風」「初風」により大破、自沈〉

1941年12月10日、台湾から出撃した九六陸攻によりキャビテ軍港で破壊された米潜シーライオン(新S級)。太平洋戦争で最初の米喪失潜水艦となった。

1944年10月、パラワン島西方で浅瀬に乗り上げた米潜ダーター(ガトー級)。23日、同艦は栗田艦隊の旗艦重巡「愛宕」を沈め、「高雄」を大破させている。

1943年８月、米西岸で就役まもない米潜ワフー(ガトー級)。撃沈数６位を誇る名艦であるが、翌年10月11日、宗谷海峡で海空からの攻撃で沈められた。

米海軍唯一の機雷敷設潜アルゴノート。戦前、仏海軍のスルクフに次ぐ大型潜水艦として有名であった。1943年１月10日、ラバウル南方で撃沈された。

1942年10月、完成直後の米潜スコーピオン(ガトー級)。1944年1月頃、黄海で触雷により失われた。機雷原は特設敷設艦が前年に設置したものである。

開戦時、マニラ・香港間の哨戒に従事していた米潜パイク(P級)。その後、豪州を基地として出撃し、1943年1月、潮ノ岬の西方で爆雷攻撃をうける。

1937年12月、公試運転中の米潜サーモン(新S級)。1942年5月、南シナ海で工作艦「朝日」を撃沈、1944年10月には海防艦2隻と洋上戦闘を演じている。

日本最初の本格的対潜哨戒機として誕生した「東海」。制式採用が1945年となり、敵制空権下の部隊配備となって、活躍の場を与えられず終戦を迎えた。

戦時急造の海防艦として完成した丁22号。ブロック建造法で最短75日で建造させた。同艦は九州南方で米潜サーモンと砲撃戦を行ない大破させている。

昭和15年から量産された第13号級駆潜艇(25号)。将来の対米戦にそなえてマスプロ化を図り、駆逐艦の半分の大きさながら、合計49隻が竣工している。

オランダ潜水艦K10は開戦時、英軍の指揮下にあり、二月末にはスラバヤを基地として蘭印ジャワの防衛にあたっていた。だが日本軍はすでに上陸を開始、ジャワ島の防衛は絶望的となった。第四十八師団は第二水雷戦隊（田中頼三少将、旗艦「神通」）に護衛されて三月一日未明、東部ジャワへ上陸を開始した。

スラバヤに在った米潜水艦「シール」S38、「パーミット」、オランダ潜水艦K10などは上陸阻止のため出撃した。上陸作戦を終えた第二水雷戦隊の第十六駆逐隊四隻は、スラバヤの北六〇海里のバウエアン島付近で、横陣にひろがり、対潜掃討を行なっていた。三月一日の午前一時、「天津風」の見張員は左斜め前方二五〇〇メートルに、浮上中の潜水艦を発見した。同艦は右に旋回して六門の砲全部を敵に向けてから、「照射はじめ、砲撃はじめ」を下命した。敵潜ではビックリした四、五名の敵兵が、あわてふためいてハッチの中に逃げ込もうとする。その真上から二弾が命中、炸裂、パッパッと光る黄色の閃光を見たと、記録されている。

「潜水艦攻撃調書」によると「天津風」は一二・七センチ砲弾三二発、左舷にいた「初風」は六発を撃ち、少なくも命中弾一発を与えたとある。さらに、二隻とも六個ずつの爆雷攻撃を加えている。ところが同じ三月一日の午前八時二十六分、「天津風」は再び浮上中の敵潜水艦を二〇〇〇メートル先に発見、六発の砲弾を発射した。すると敵も魚雷を発射してきた。「初風」も敵の雷跡を確認している。「天津風」は爆雷四個を投下、多量の重油が流出しているのが確認された。

じつはこの三月一日、多くの米潜水艦がスラバヤの北で、日本巡洋艦や駆逐艦に対して魚いいきれない。つまり米潜水艦「シール」は、第二水雷戦隊旗艦の「神通」に魚雷四本を発射しているし、「パーミット」も駆逐艦一隻に六〇〇メートルの至近距離から魚雷を発射している。翌三月二日、S38も魚雷四本を放ったのち「神通」「雪風」「時津風」に攻撃されている。だがアメリカ海軍の『Summary of War Damage』に米潜水艦損傷の記載がないから、この日ここで損傷したのはK10と見るべきであろう。H・T・レントンの『Royal Netherland Navy』によると、K10は「三月一日、ジャワの北で水上艦に爆雷を投下されたのち、翌三月二日、スラバヤで自沈」とあるからだ。

スラバヤは崩壊直前で、港からの撤退命令が出ていた。その港に損傷したK10は入ってきたのだ。退却は三月一日、すでに完了していた。残るは自沈と爆破のみだ。三月二日、在スラバヤの艦船は一挙に自沈、あるいは自爆した。駆逐艦「ウイッテ・デ・ウイテ」「バンケルト」、敷設艦「セルダン」、米駆逐艦「スチュワート」とともにK10も自沈し果てた。三月十日、蘭印オランダ軍はわが第十六軍に降伏した。

かくしてK10は、対日戦でオランダが失った七隻目の潜水艦となった。三月十日、蘭印オランダ軍はわが第十六軍に降伏した。

＊

一九四二年は二〜三月で六隻の戦果をあげたが、その後は七月、十月に各一隻の戦果でしかなかった。しかも米潜水艦は三隻のみであった。

これはこの間の戦局を考えると、かなり異常な事態といってよい。もちろん、これには米潜水艦の活動が不活発だったことと、日本側の海上交通に対する攻撃方法がまだ確立していなかったことも原因している。しかし、それでも、三月〜十月までに敵潜水艦に雷撃撃沈された日本船舶は、三月一一隻、四月四隻、五月二〇隻、六月六隻、七月八隻、八月一九隻、九月十一隻、十月二四隻と、けっして少ない数ではない。もっとも、これらの被害ものちの一九四三年〜一九四四年に比べれば小さなもので、一つは米潜水艦用魚雷の質的不良と量的不足に原因するところが大であった。

しかし、この間の日本側の海上交通保護に対する対策は、この思ったより少ない被害によって、ますます遅れをとることになるのである。

なおのちに説明するように、この間の米潜水艦の喪失は、「グラニオン」のほか、S27とS39の二隻がそれぞれ座礁事故で失われている。

⑩K18（オランダ）／一九四二年三月二日

〈駆潜艇12号により損傷、自沈〉

ボルネオのバリクパパンは石油の産地であるため、日本軍の重要占領地域となっていた。初めの計画では、一九四二年一月二十日に上陸と決定していたのだが、南フィリピンの飛行場整備が遅れたため、同二十四日に延期された。陸軍の坂口支隊のほか、設営隊や第十一航空艦隊の機材を満載した輸送船は合計一五隻。護衛は第四水雷戦隊（西村祥治少将、旗艦軽巡「那珂」）の駆逐艦九隻を中心とするものであった。

同じボルネオのタラカンを一九四二年一月二十一日に出港した船団は、八ノットの速力で南下を開始する。この中には第三十一駆潜隊（駆潜艇第10〜12号）も含まれていた。第三十一駆潜隊は第二根拠地隊（台湾・馬公、広瀬末人少将）に所属しており、開戦時、フィリピン諸島の上陸に加わった兵力である。連合軍はバリクパパンに日本軍が上陸を企図していることを予知し、反撃を計画していた。そのため、まず陸軍航空隊の爆撃機による空襲、駆逐艦と潜水艦による夜間泊地への襲撃が実施された。

米アジア艦隊潜水艦部隊司令官ウイルクス少将は、マニラから六隻の潜水艦を率いてスラバヤに退却したばかりだった。彼は「ポーポイス」「ピッケレル」「スタージオン」「ソーリー」「スペアフイッシュ」とオランダのK14、K18の七隻を出撃させて、日本船団の襲撃に向かわせた。このうちK18はK14と同型の七七一トンの小型艦で、つい一ヵ月前、伊一六六にクチンの沖で沈められたK16も同型だった。

K18はいち早く日本船団に喰いついた。日本船団は泊地に到着、一月二十四日の未明、掃海の完了とともに上陸作業を開始した。K18は浮上してこっそりと接近する。第四水雷戦隊旗艦「那珂」は、午前零時三十分、西方三〇〇〇メートルにK18を発見、敵魚雷艇と判断して第三十一駆潜隊の駆潜艇12号をこれにさし向けた。K18は勇敢にも零時四十分、「那珂」の左舷を狙って魚雷を発射する。これは「那珂」に命中しなかったけれど、数分後、陸軍輸送船敦賀丸（六九八八総トン、日本郵船）の左舷中央部に魚雷が命中、沈没してしまう。

米第五九駆逐隊四隻が南から泊地に侵入したのは、K18の雷撃より三〇分も経過していないころだった。日本輸送船は続々と炎上する。暗夜の奇襲に第四水雷戦隊はふいをつかれて有効な反撃ができなかった。K18はこの間を利用して二回目の攻撃を開始した。船団の西方を哨戒していた駆潜艇12号は午前六時五十二分、K18の魚雷が艦底を通過してヒヤリとした。

本来なら命中、沈没であろうが、駆潜艇は吃水を浅くデザインされていたから助かったのだ。すでにあたりは明るくなっていたので、駆潜艇12号は潜望鏡を発見するとこれに突進して、頭上を乗りきりつつ爆雷を投下した。

当時、日本海軍が使っていた爆雷は、昭和七年制式採用の九一式か同十二年採用の九五式のどちらかである。いずれも全長七七・五センチ、直径四五センチの円筒型であり、重量は一六〇キロだった。炸薬重量も同じく八八式火薬一〇〇キロだが、信管と調定深度が違っていた。九五式爆雷の方が深深度でも使えるのだ。

K18は水中で激しくゆすぶられ、艦首が水面上に突き出した。これを見た駆潜艇12号は、敵潜撃沈確実と報告したのも無理はなかった。しかし、K18は実際には、まだ沈まなかったのである。

だが『対日オランダ戦史』A・カウセムス、A・D・クックス共著、糸永新訳（『歴史と人物』太平洋戦争シリーズ、昭和六十年八月号）によると、一発目に発射したばかりの魚雷が水中爆発の水圧で、発射管に押し戻され、ドアとシール部分が壊れてしまったとある。

最初の雷撃は軽巡「那珂」に対して行なったものであり、命中のショックによる水圧で二発目の魚雷が発射管に押し戻され、戦闘不能になったというのであるが、しかし実際には、「那珂」に命中した魚雷がなかったことは、すでに述べてあるとおりである。ほかに考えられるケースとして、商船に命中した魚雷の衝撃とも考えられる。ともあれ、K18の損傷は駆潜艇12号の爆雷による方が妥当であろう。

なお上記資料によると、艦長グルンフェルト少佐はこの損傷にもかかわらず、四日後、K

18をスラバヤに入港させるのに成功した。だが、損傷はかなりひどく、スラバヤでは十分な修理もできず、自沈放棄しなければならなかったとある。

＊

K18は潜航不能となって浮上航行のまま南下、スラバヤへ向かう。駆潜艇12号はこれを見逃してしまった。たまたまこの朝、新来の米第七爆撃団のB17重爆撃機四機がマランから発進、バリクパパンの日本船団を襲撃した。その帰路、彼らは大破したK18を発見、上空をゆっくり旋回して掩護してくれた。同艦はようやくスラバヤに帰投したけれど、そのころ、もう同地の工廠施設は破壊され、とてもK18の修理どころではなく、そのためK18は一ヵ月も放置されてしまう。日本の第十六軍がスラバヤにせまった三月二日、結局、捕獲を防ぐためK18は自沈し果てた。先に述べたK10と同じ運命だ。

かくしてK18は日本軍が沈めた（間接的に）最後の、八番目のオランダ潜水艦となった。生き残ったK11、K12、K14、K019などはオーストラリアへ脱出した。従来は駆逐艦の砲撃により沈めた潜水艦が多かったが、対潜専門の駆潜艇による戦果は間接的なものであったが、通算一一隻目のK18が最初である。

開戦後まもなく、イギリスは極東方面の潜水艦兵力がゼロとなっていたので、地中海のアレキサンドリアに在った第一潜水戦隊より「トラスティ」と「トルーアント」の二隻を送ることを、一九四一年十二月十九日、つまり開戦一一日目に決定した。「トラスティ」は一月三十一日、シンガポールに入港したが、この日、わが第二十五軍は、すでにシンガポール島の対岸マレー半島の先端に到着していたのである。

「トルーアント」は、危険を避けてジャワのバタビア（現名ジャカルタ）に入港した。このほか北大西洋に在ったオランダ潜水艦O24も同時に極東へ送られた。だが三月十日、蘭印オランダ軍が降伏してしまうと、もうイギリス、オランダの潜水艦は基地を失って、「トルーアント」「トラスティ」、O24、K8、K9などはインド洋に面したセイロン島のコロンボに退却した。同様に、巡洋艦や駆逐艦もコロンボ（一部はオーストラリア）へ逃げたものが多い。つまり以降日本の南方方面戦線にオランダ、イギリスの潜水艦はしばらくの間、登場しないことになる。K18の自沈より三ヵ月後の六月、アリューシャンで米潜水艦S27が座礁して失われるが、これは日本軍の行動によるものではないので省略する。

⑪パーチ（米）／一九四二年三月三日

〈駆逐艦「潮」による〉

米潜水艦「パーチ」は、先の「シャーク」のほぼ同型艦で一九三六年（昭和十一年）、竣工のPクラスであった。基準排水量（水上）一三〇〇トンの大きさだから、日本の海大型に匹敵する艦隊型潜水艦である。

フィリピンのマニラから、ひとまずオーストラリアのポートダーウィンに撤退した「パーチ」は二月八日、日本第十六軍の蘭印上陸を阻止するため出撃した。同艦はジャワ海へ足を踏み入れた。二月二十五日の夜、「パーチ」は日本船団に浮上攻撃を行なうため接近したが、突如、日本駆逐艦から司令塔を撃ち抜かれて、通信機能を一時的に失ってしまった。「パーチ」は魚雷四本を撃ったが、命中しない。急速潜航した「パーチ」は駆逐艦より逃れることができた。

五日後、「パーチ」は駆逐艦「潮」と遭遇する。第七駆逐隊の「潮」は本来、空母「赤城」「加賀」の護衛が任務だった。しかし今回は、第二水雷戦隊に加わって「漣」とともに船団の護衛にあたっていた。

「潮」は昭和十七年三月二日午前五時四十九分、ジャワのパウエマン島の西七三海里を航行中、前方やや右側六〇〇〇メートルに大型潜水艦が浮上しているのを発見した。「潮」は突進して八〇〇メートルまで迫ったが、「パーチ」はあわてて潜航しようとする。「潮」は五時五十九分、爆雷五個を投下した。「パーチ」は三〇メートルまで潜航しかけたとき、爆雷が頭上で爆発した。そのショックで「パーチ」は左舷軸の動力を失ってしまう。

「潮」は七時六分、水中探知を開始した。「潮」は再び爆雷攻撃を再開、七時二十六分～八時三十分の間に二五個を投下した。このとき、海中より悪臭がして気泡が噴出、海中からドス黒い重油が浮かんできた。手ごたえがあったのだ。事実、「パーチ」はエンジンの変速装置が変形してしまい、電気系統に故障が続出、電池の容器も破壊されていた。機関室のハッチから水漏れもはじまった。艦長ハート少佐は、場合によっては自沈しなければならないと覚悟し、乗組員にその旨を伝達した。司令塔にも穴が開いて浸水してきた。

翌三月三日午前六時五十二分、前日よりやや北寄りの位置で、「潮」は再度浮上中の「パーチ」を発見した。損傷した「パーチ」は、片舷航行でノロノロと逃げようとしたのである。損傷のため、もう潜航はできなかった。潜水艦を発見した「潮」は、この潜航しない潜水艦を一瞬、味方の潜水艦かと疑って、右舷前方の目標に信号灯で味方識別を送ってみた。だが返事はない。そこで「潮」は六時五十九分、距離四八〇〇メートルより一二・七センチ砲の射撃を開始した。「パーチ」は魚雷も撃てず、一〇センチ砲も撃てないほど損傷していた。一分後、命中弾があり「パーチ」は沈没しはじめる。

このとき、「潮」とともにあった「漣」の乗員はつぎのように当時の模様を述べている。

「初弾より敵潜水艦に命中、敵乗組員は全員海中に飛び込んで救助をもとめていた。敵潜は『潮』の三斉射で完全に撃沈された。（中略）捕虜は浮上して顔を洗っているところをいきなり砲撃され、あわてて着のみ着のままで海中に飛び込んだという」

このとき「パーチ」は先に爆雷を受けたときのショックで、発射管内の魚雷三本が飛び出してしまい、その上艦内の猛暑と排気ガスの量は、もはや耐えきれぬほどに達していた。艦長D・A・ハート少佐は「総員退艦」を命じ、全員六四名が捕虜となったのであった。午前七時十六分、「潮」はカッター二隻を下ろし、敵兵の救助を開始した。「潜水艦攻撃調書」によれば、捕虜は少佐一、大尉三、中尉一名と下士官兵五四名とあるが、アメリカ側では六四名全員が捕虜になったとされている。捕虜は全員、その日のうちに、病院船天応丸（元オランダ客船オプテン・ノート、六〇七六総トン）に移され、さらに艦長と副長は、第三艦隊旗艦「足柄」に移されて取り調べを受けた。なお「潮」が二度目の攻撃で消費した弾薬は一二・七センチ砲弾六発と爆雷一個だけだった。

オランダ潜水艦の場合は別として、米潜水艦の乗員を捕虜としたのは、この「パーチ」が初めてであった。「パーチ」の捕虜はのちに日本に送られ、大船の収容所に入れられ、終戦後、五三名がアメリカに帰還したという。

⑫グルニオン（米）／一九四二年七月三十一日

〈特設運送艦鹿野丸の砲撃による〉

太平洋戦争開戦以来、南方に向けられていた日本軍の目も一九四二年四月十八日、空母「ホーネット」より発進したB25爆撃機が東京を爆撃（いわゆるドゥーリットル空襲）すると、北方方面が脚光を浴びるにいたった。同年六月のミッドウェー海戦と同時にアリューシャン列島のアッツ島、キスカ島を占領したのも、北方からの米軍の来攻を阻止する企図があったのはいうまでもない。キスカ島には水上機母艦「千代田」が二式水上戦闘機六機と特殊潜航艇六隻を送り配置した。以降、同島の守護隊に対し、日本海軍は絶えず食糧や弾薬を送らねばならなくなった。特設運送艦鹿野丸は同年六月以降、第五艦隊に入り、占守島の片岡湾を中心にアリューシャン方面への軍需品輸送に従事していた。同艦は戦前、ニューヨーク航路についていた国際汽船の優秀船（八五七二総トン）である。同艦は同年七月、つぎの物資を搭載してアッツ、キスカ方面に向かった。

大阪にて舞鶴第三特別陸戦隊用の建築資材一三〇〇立方メートル、広島県宇品にて大発四隻、防寒服その他、舞鶴にて建築用材料、石炭など、青森県大湊にて水上偵察機一機。

鹿野丸は海防艦「石垣」に護衛され、占守島を経由して一九四二年七月二十九日、アッツ島に入港した。そこからは駆潜艇26号が「石垣」と護衛を交代し、キスカ島に向かった。キスカ方面には少数とはいえ、米潜水艦が行動していたから油断がならない。現に七月五日には米潜水艦「グローラー」により第十八駆逐隊の「霰」が撃沈、さらに「霞」と「不知火」

が大破するという大損害を生じたばかりだった。

アリューシャン列島の米第八艦隊（ロバート・シオボールド少将）は麾下に第六潜水戦隊をもっていた。別名八・五部隊ともいわれているこの部隊は、ダッチハーバーを基地とする旧式なS型潜水艦六隻よりなっていた。しかし、戦局が重大化したため、新鋭の艦隊潜水艦数隻が北方水域へ送られる。最新鋭の「グルニオン」もその一隻で、七月十日、同艦はキスカ島北方の哨区に初出撃した。

五日後、「グルニオン」は日本の駆潜艇25号と27号の二隻を撃沈する戦果を上げた。まだ魚雷は一〇本が残っていた同艦は、七月三十一日の朝、この鹿野丸と遭遇したのだ。鹿野丸は濃霧のため駆潜艇26号とはぐれてしまい、霧が晴れるまで漂泊していた。その後、天測により位置を確認、一五ノットで泊地に入ろうとした。

そのとき、右前方より発射された二本の雷跡を発見した。一本は後方によけたけれど、一本は中央部の右舷機械室に命中した。午前五時四十七分のことである。発電機も通信機も使用不能となった。見張員は、右前方から右後方に移動する敵潜の潜望鏡を発見した。鹿野丸は前後部に八センチ砲一門ずつをもっていた。これは四一式八センチ砲で、実質的には明治時代の駆逐艦が装備したアームストロング式（安式）四〇口径砲と同型である。後部の砲は被雷時のショックで使用不能となったが、鹿野丸は前部の八センチ砲と一三ミリ機銃（艦橋上）で射撃を開始した。

「グルニオン」は一〇分後の五時五十七分、二回目の雷撃をかけてきた。一本が艦底を通過した。航行不能に陥った鹿野丸は〝マナイタの上の鯉〟である。反撃の方法がないのだ。同艦は昨日、洋上に万時着水した二式水上戦闘機一機を収容していたのを思い出し、海上にデリックで下ろした。水上機で「グルニオン」を追い払おうというのだが、整備兵がいないのでエンジンがかからない。

勝ち誇った「グルニオン」は、ますます大胆になり、六時七分、三回目の雷撃を加えた。三本のうち二本が今度は左舷中央部に命中した。本来なら轟沈である。ところが米潜水艦のマーク14五三センチ蒸気魚雷はマーク6磁気信管が欠陥品だった。つまり命中しても爆発しない例はそのころ、あちこちで報告されていた。命中しても効果がないのに首をかしげた艦長M・L・アベル少佐は、鹿野丸にわずか四〇〇メートルまで接近した。「グルニオン」は浮上して甲板上の一二・七センチ砲でとどめを刺そうとした。海面の具合で司令塔の上方と思われる部分にさざなみが立ちはじめた。これを狙って鹿野丸の八センチ砲が火を噴いた。射撃再開から四発目、つまり最初の砲撃から八四発目に、一弾が「グルニオン」の司令塔に命中したのだ。手応えがあり、水煙とともに鈍い水中音が聞こえた。乗組員一同、思わず、万歳を叫んだという。やがてキスカ島から水上機三機、電纜（ケーブル）敷設艇「浮島」、駆潜艇26号がやって来て、多量の重油が流出しているのを確認した。

太平洋戦争勃発時から一二隻目の戦果は、なんと貨物船の小さな八センチ砲による手柄だったのだ。特設駆潜艇などを除くと、貨物船が撃沈した潜水艦は戦時中たった二隻、一隻がこの鹿野丸であり、他は一年二ヵ月後、北安丸による「グレイリング」撃沈だった。キスカ島に在った敷設艇「石崎」の艇長も、鹿野丸による「グルニオン」の撃沈を証言している。

しかし、殊勲の鹿野丸の命も決して長くはなかった。八月一日、特設運送艦菊川丸（三八八三総トン、川崎汽船）に曳航された同艦は翌日、キスカ島に入った。そして九月十五日、なお修理中のところをB24、P38、P39などの空襲を受けて浸水、擱座してしまったからである。

なお処女航海で消息をたってしまった「グルニオン」を惜しんだ米海軍は、その艦長名を建造中のサムナー級新鋭駆逐艦に命名した。「マナート・L・アベル」がそれだが、同艦は昭和二十年四月、沖縄で桜花のために轟沈している。

⑬L16（ソ連）／一九四二年十月十一日

〈伊二五の誤認による〉

東京が米空母から発進したB25に空襲されて、大いにショックを受けた日本では、これの報復として潜水艦搭載の小型水偵（零式水偵）による米本土爆撃を計画した。米西岸オレゴン州あたりの山林に焼夷弾を投下して、山火事を起こすことを企図したのだ。このため伊二五（乙型巡潜、艦長田上明次少佐）が、特別に改造された水偵を搭載して、一九四二年八月十五日、横須賀を出撃した。

爆撃任務を無事完了した伊二五は、引き続いて米西岸で通商破壊戦を実施、十月に入って米タンカー二隻を撃沈する。十月十日、同艦は内地へ帰途につき、十一日には米西岸から五〇〇海里も離れたので、長時間の潜航をやめ、浮上航行に移った。午前三時半（日本時間）、見張員は二本のマストを発見、急速潜航に移った。接近するとそれは八〇〇メートルの間隔で水上航行中の二隻の潜水艦であった。伊二五は一五本の九五式五三センチ酸素魚雷のうち、すでに一四本を使ってしまい、残りは一本しかない。敵は全くこちらに気がついていない。田上少佐は五〇〇メートルまで接近して、先頭艦をしとめることにした。もちろん彼は、これを米潜水艦と思い込んでいた。しかし、意外なことにこの敵は米潜水艦ではなくソ連のL15とL16だったのである。一年前の一九四一年六月、ドイツがソ連に侵入したとき、ソ連潜水艦の配置はつぎのとおりであった。

バルチック海　九三隻
北氷洋　二一隻
黒海　五四隻
極東　八六隻
（北氷洋～極東　二五四隻）

このうちバルチック艦隊はドイツ軍のため基地を包囲され、黒海へは国際条約によってボスポラス海峡の軍艦通過は禁じられているため、北氷洋と極東の間だけが往来ができた。対日戦に備えてウラジオストークに集結している太平洋艦隊は、日本との戦争は当分の間、はじまりそうもない状況のため、連合国の援ソ物資の輸送がはじまった北氷洋方面へ、兵力の一部を極東から回航させることになった。

アリューシャンのダッチハーバー、サンフランシスコ、パナマ運河を経由しての大航海である。だが極東のソ連潜水艦の大半はM・S・シュスカ級などの中・小型艦が占めており、これにはやや大型のL級敷設潜（一一〇八トン）が選ばれた。目的地はムルマンスク港で、はるばる一万七〇〇〇海里の大航海である。別の駆逐艦の一隊は夏期、砕氷船の助けを借りて北極ルートでムルマンスクに向かった。しかし氷に弱い潜水艦を、北氷洋ルートで送るわけにはいかない。そこで潜水艦六隻は二つのグループに分かれて、太平洋および大西洋コースをとることになった。

まず第一陣としてL15、L16の二隻が、一九四二年九月二十五日、ウラジオストークを出港した。これは伊二五が横須賀を出港してから四〇日ほどのちのことである。出港して一六日目、二隻はアメリカの北西岸オレゴン州の沖にさしかかった。この回航については前もって、米海軍から航空機による護衛を申し入れたが、ソ連側は拒絶したのだった。同盟国とはいっても名ばかりで、ソ連はなかなか連合国と協調的な行動をとろうとはしなかったのだ。

一年前の一九四一年三月、アメリカでは武器貸与法が議会を通過し、ソ連に対し、向こう三年間、一一〇億ドルもの軍需物資を貸与することが決定していた。だからソ連潜水艦のサンフランシスコ入港に関しても、米海軍は駆逐艦「ローレンス」をゴールデン・ゲート・ブリッジの外まで出迎えに出したほどである。

近づいた伊二五は深度を一八メートルに保ったが、のち一五メートルにもどした。波が荒いので下手をすると海面に持ち上げられそうになる。伊二五は再度深度を変更し、最後の魚雷一本を先頭艦に発射した。近距離のため魚雷の炸裂はものすごいショックがあった。伊二五の艦内ペイントがバラバラとはげ落ち、二一九八トンの巨体が傾き、艦内の備品がゆれ動いた。先頭のL16は、一瞬の間に轟沈した。艦長グサーロフ少佐以下五〇名は全員戦死した。続いてもう二回、水中爆発が起こる。魚雷の誘爆であろうか。二番艦L15（艦長コマロフ少佐）は一五〇〇メートル前方に伊二五の潜望鏡を発見、あわてて一〇センチ砲を撃ちつつ、海面を右往左往した。

当時まだ日本はソ連と戦争状態にはなかったから、第三国の艦船を撃沈したことになり、厄介な国際問題になりかねなかった。米海軍はこの下手人がアメリカのタンカーの「カムデン」（六六五三総トン）と「ラリー・ドヘニー」（七〇三八総トン）を数日前に沈めた日本潜水艦であろうと推定した。

だが日本にとって幸いなことに、ソ連側はこの事実を伏せておきたかったのだ。そしてアメリカにも自国の艦艇がアメリカ沖で失われたことを発表しないよう依頼してきた。その理由は、当時、太平洋にはドイツの仮装巡洋艦数隻が活動中で、また大西洋にもUボートが多数活動中だったから、もしソ連が極東から艦艇を北氷洋へ回航していることを、ドイツ海軍に知られると、待ち伏せされる恐れがあったからであろう。

このようにこの沈没事件は結局、闇から闇へと葬り去られた。戦後もアメリカはこれに関して口をつぐみ、たまたま西ドイツの研究家が、伊二五の元乗員の手記としてL16の喪失年月日から、この事実をつきとめたのであった。なお、残ったL15がムルマンスクに到着したのは一九四三年五月のことで、二回目はやや小型のS51、S54～S56の四隻で、いずれも同年に無事、到着している。

一九四三年（昭和十八年）

一九四三年八月、ソロモン諸島のガダルカナル島に米第一海兵師団が上陸、連合軍の本格的反攻の第一歩がはじまった。日本軍は当初、判断を誤り、反撃が遅れてしまい、泥沼のガ島戦に引きずり込まれて、以降、約一年半にわたる激烈な戦闘が、日米海軍の間でソロモン海域を舞台に繰りひろげられることになる。

この当時、太平洋方面の米潜水艦は、太平洋艦隊潜水艦部隊と、南西太平洋潜水艦部隊の二つに分けられており、他の大西洋艦隊潜水艦部隊も含めて、その指揮系統は完全に独立しており、統一されたものはなかった。

太平洋艦隊と南西太平洋部隊のそれぞれの潜水艦部隊は、基本的に行動範囲を二分しており、中国沿岸から東へ北緯二〇度をたどり、東径一三〇度で南に赤道まで下り、赤道をさらに東経一六〇度まで東へたどり、そこから南に下る線の北側を太平洋艦隊が、その南側を南西太平洋部隊が担当することになっていた。

従ってソロモン海域は南西太平洋部隊の縄張りだった。ただ、この海域は海の透明度も大きく、海面も静かで、さらに深度も浅く、あまり潜水艦の活動に適した海ではなかった。

南西太平洋部隊の潜水艦兵力は、かつてのアジア艦隊の残存潜水艦兵力が主体であったが、オーストラリアのフリーマントルを基地とする第五一任務部隊と、ブリスベーンを基地とする第四二任務部隊に分かれていた。一九四二年四月に、フィリピンからの撤退が完了した時点では、司令部のあるフリーマントルに艦隊型潜水艦二一隻、ブリスベーンに旧式なS級一一隻があって、以後、本格的な哨戒活動に入ったのであるが、魚雷不足や、不良に悩みながらも、重巡「加古」や、敷設艦「沖島」などを撃沈する戦果を上げており、しかも、ガ島戦の開始後、一九四二年中は一隻の喪失艦も出さなかった。この時期、この南西太平洋部隊に対しては、最優先で潜水艦の補充、増強が行なわれ、太平洋艦隊からもかなりの艦が、ガ島戦開始後にここに増援されている。

このころ、米潜水艦は標準型艦隊型潜水艦ガトー級が完成しはじめ、装備も、対空用のSDレーダー、対水上用のSJレーダーが装備され、その警戒索敵能力は大幅に向上していた。一般に艦隊型潜水艦は六〇日間の糧食を搭載しており、通常、一回のパトロールは四五日前後であった。戦場の近い南西太平洋部隊では、その哨区は戦局に応じて、司令部より絶えず指令が発せられて移動していた模様で、潜水艦側からはとくに定期的に報告することはなく、必要に応じて、敵の動向なり戦果が無電で報告されていたのが現状だった。また、大西洋におけるUボートの狼群戦法にならって、まだ本格的なウルフ・パックではなかったが、二艦程度がペアになって行動することも実施されはじめていた。

しかし、一九四三年に入ると、米潜水艦の喪失は急に増え、しかもその大半はソロモン海域で起こったのである。

⑭アルゴノート（米）／一九四三年一月十日

〈駆逐艦「舞風」「磯風」、九九艦爆による〉

ニューギニア東北岸へ対し、オーストラリアにあったマッカーサー大将は反攻を開始した。アイケルバーガー中将の第八軍が北上しはじめると、ラエに基地を置く海軍の第七根拠地隊だけでは米軍を抑え切れなくなった。このため、陸軍の第五十一師団（基兵団）の増援が決定された。同作戦は〝81号作戦〟と称せられ、兵員は一九四二年十二月までにラバウルに進出、船団がラエで上陸を終わり、ラバウルへ向けて出港したのは、翌年の一月八日のことだった。船団はつぎのような編成だった。

輸送船団

ぶらじる丸（一万二七五二総トン、大阪商船）

くらいど丸（五四九七総トン、南洋海運）

智福丸（五八五七総トン、会陽汽船）

護衛部隊

第十七駆逐隊「浦風」「谷風」「浜風」「磯風」

第四駆逐隊「舞風」

三隻の船団に艦隊用駆逐艦が五隻もつくとは、全く豪華な護衛陣だが、それだけ重要な船団であった証拠で、輸送船のうち〝ぶらじる丸〟は海軍の特設運送艦で、空母「海鷹」となった〝あるぜんちな丸〟と同型船だった。

このころ、米潜水艦「アルゴノート」が、ラバウルの南方のソロモン海域へ出撃を命ぜられて進出していた。「アルゴノート」は一九二八年に完成した大型の巡洋潜水艦で、ほぼ同型の「ナァホール」「ノーチラス」とともに、戦前、フランスの「スルクフ」に次ぐ大きさを誇っていた艦である。艦橋の前後に一五センチ砲各一門を装備、さらに機雷の敷設もできた。この前にはこの巨体を生かして、マキン島への海兵隊奇襲上陸などに用いられていた。今回の出撃は同艦にとって、三度目のもので、ブリスベーンから出撃したのであった。

「アルゴノート」は一九四三年一月十日、ニューブリテン島南東で二回にわたってラエからの船団を襲撃した。このとき、たまたまラバウルの第五八二航空隊の艦爆が、船団上空を哨戒中で、午前八時二十分、潜航中の潜水艦を発見、対潜爆弾三発を投下して攻撃した。

連絡を受けた「舞風」も爆雷攻撃を加える。これらの攻撃が有効だったらしく、八時四十五分、突然「アルゴノート」が艦首を急角度で海面に突き出した。「舞風」と「磯風」がこれに砲撃を加え、九九艦爆もこれに爆撃を加えた。「アルゴノート」は軽巡なみの一五センチ砲をもつ強兵装艦だったが、多分爆雷攻撃で艦内に浸水し、艦首しか浮上できなかったものらしく、乗員の浮上砲戦のヒマもなく、撃沈されてしまった。艦長J・R・ピアース少佐以下乗員一〇五名全員が戦死している。

攻撃側の目の前で、このようにはっきりと船体をさらして撃沈された例は珍しく、日本側もその艦名を確認して、その当時としては、これも珍しく「アルゴノート」の撃沈を発表している。当時、中学生になったばかりの筆者も、手元にあった『米国海軍艦型図輯』の「アルゴノート」の項に、「日本の駆逐艦により撃沈」と幼い鉛筆書きで記入したものが、今でも残っている。また一九四四年初めころに出た山海堂の『機械化』という月間雑誌の表紙にも、「アルゴノート」の撃沈シーンが描かれていたのを記憶している。

またこのとき、付近を飛行中の爆撃帰りの米陸軍機が、駆逐艦が爆雷を受け、他の二隻の駆逐艦の爆発（備砲の発砲を爆発と誤認したものらしい）と、他に付近に五隻の艦船がいたことを報告しており、これが「アルゴノート」を攻撃中の日本駆逐艦で、事実は日本側に被害はなかった。

結局「アルゴノート」は一隻の日本艦船をも沈めることなく撃沈されてしまったのである。

⑮アンバージャック（米）／一九四三年二月十六日

〈水雷艇「鵯（ひよどり）」、駆潜艇18号による〉

「アルゴノート」の撃沈後、一ヵ月後に、再びニューブリテン島の南東方面で、「アンバージャック」が犠牲になった。同艦は一九四三年一月二十六日にブリスベーンを出撃したもので、これが三度目の出撃だった。同艦は、この年の六月に就役したばかりのガトー級の新鋭艦であった。このとき、一九四三年二月といえば、日本軍はガダルカナル島からの撤退を完了、戦場はソロモン諸島を北上して行ったころである。「アンバージャック」はソロモン海域に到着すると、司令部からの指令を受けながら各方面へのパトロールに入った。

二月四日の無電報告では五〇〇〇トン級の貨物船と交戦、乗員に死傷者を生じ、さらにラバウル、ブカ、ショートランド間の補給ルートに入ったあとの二月十四日の最後の報告では、日本人パイロットの救助も報じている。

一方、二月十六日、特設運送艦能代丸（七一八九総トン、日本郵船）は水雷艇「鵯」と駆潜艇18号の護衛の下に、ラバウルからコロンバンガラ島へ兵員や補給品の輸送にあたっていた。同日午後三時二十八分、ちょうどセントジョージ岬にさしかかったときに、右舷四〇〇メートル付近より発射された魚雷四本を発見、これを回避した。上空にあった第九五八航空隊（ラバウル）の水偵は直ちに発射地点に急行、六分後に対潜弾を投下した。三時四十分、「鵯」は爆雷九個を投下、その六分後に駆潜艇18号も爆雷六個を投下した。

手応えはあった。重油が海中から噴出すると、上部構造物の一部が一瞬水面に現われ、ただちに消えた。さらに四分後、駆潜艇18号は念を入れて重油の中心に爆雷三発を投下した。午後四時二十分、「鵯」は米潜水艦からと思われる浮遊物を拾う。引き上げた救命イカダには〝フィラデルフィア海軍工廠製〟の文字があった。

「アンバージャック」の場合も、艦長J・A・ポール少佐以下七四名全員が戦死した。水雷艇が潜水艦を沈めた（駆潜艇と協同で）のは、これが初めてであった。爆雷を増し、水測兵器を装備すれば、速力の速い水雷艇は有力な対潜艦艇だった。一方、駆潜艇18号は第八根拠地隊の所属で、一九四二年七月以来、僚艦の16号、17号とともにラバウルを基地として行動していた。

⑯グラムパス（米）

〈駆逐艦「村雨」「峯雲」、または水偵による〉／一九四三年三月五日

三月に入ると、今度は米潜水艦「グラムパス」が撃沈された。「グラムパス」は一九四一年五月に就役したタンボー級の一艦で、ガトー級に準じた艦隊型潜水艦であった。先に撃沈された「アンバージャック」と同じ第四二任務部隊に属し、オーストラリアのブリスベーンを基地としていた。艦長のJ・R・クライグ少佐は過去のパトロールで二度戦果を上げており、第六回のパトロールに出動した。「グラムパス」は二月十一日、ブリスベーンを出港、第六回のパトロール今回もソロモン方面での戦果が期待されていた。しかし、同艦は再び帰ってはこなかった。

「グラムパス」をしとめたのがだれなのかは、はっきりしていない。これまでは、「グラムパス」は三月五日～六日にコロンバンガラ島の南方、ブラケット水道で、駆逐艦「村雨」と「峯雲」に撃沈されたとされていた。これはたまたま、「グラムパス」が哨区をその付近に移したあとに消息を絶ったことから、推定された考察だった。しかし、コロンバンガラ島への輸送作戦に従事していた二隻の駆逐艦は、その帰途、米艦隊に待ち伏せされて沈没してしまい、その戦闘記録は残されていないから、この二隻が対潜戦闘を行なったかどうかは不明のままである。

ただ「グラムパス」とチームを組んでいた僚艦の「グレイパック」は、付近にいて爆雷などの攻撃音を聞いていないから、沈めたとすれば水上で浮上状態を砲撃されたことになる。

また当時、「村雨」の艦長をしていた種子島洋二少佐は生還したが、昭和五十年に同氏があらわした『ソロモン海セ号作戦』では、「村雨」の行動にも触れているが、敵潜との遭遇に

ついては何も触れていないのも気になるところである。

これより先、二月十九日の午後三時四十分、ラバウルの第九五八航空隊の水偵が、ニューブリテン島の南東で、敵潜水艦を攻撃したことが記録されている。これによれば、当時二機の零式水偵が攻撃を加え、司令塔に直撃弾一発を命中させて、やがて重油がわき上がり、直径三〇メートルにもひろがったと報告している。したがって、これが「グラムパス」の最期であったかもしれず、そうすれば、これは第九五八航空隊（司令飯田麟十郎大佐）の水偵の手柄ということになる。

さらに、二月二十四日に日本側の記録では、敵潜水艦をこの付近で目視したとの報告も入っており、だとすれば、当時この辺には他の米潜水艦はいなかったから、先の十九日の攻撃で傷ついた「グラムパス」か、さらには十六日の攻撃に生き残った「アンバージャック」の可能性も残されている。

⑰トライトン（米）／一九四三年三月十五日？

〈駆潜艇24号による？〉

一九四三年春における、ブリスベーンを基地とする米潜水艦のソロモン水域での喪失の最後は、「トライトン」である。

本艦は一九四三年に入ってから、太平洋艦隊より増援された一隻で、一九四二年中だけでも、駆逐艦「子ノ日」、潜水艦伊一六四をはじめ、他に船舶八隻、約二万六〇〇〇総トンを沈めている殊勲艦の一隻だった。一九四〇年八月に就役したタンバー級の一艦で、先の「グラムパス」と同型だった。

「トライトン」は一九四三年二月十六日、ブリスベーンを出撃した。これが六回目のパトロールで、艦長G・K・マッケンジー・ジュニア少佐以下七四名が乗り組んでいた。三月七日に「トライトン」はラバウルとショートランド間の補給路の攻撃を命じられていた。三月七日に「トライトン」は、前日、五隻よりなる船団を襲撃して、六発発射したうち三発の魚雷を命中させて、兵員輸送船二隻を撃沈したと報じた（事実は、桐葉丸（三〇五七総トン、辰馬汽船）を撃沈したのみ）。

「トライトン」の通信は三月十三日を最後に絶えてしまった。今日でもその最後をはっきり裏づけるものはほとんどない。

アメリカでは戦後の調査で、アドミラルティ諸島の北方で、三月十五日、船団護衛中の駆逐艦（複数）が爆雷攻撃後、海面に多量の重油と木片、コルク、それにアメリカ製と記した破片が浮かび上がったのを確認しており、これが「トライトン」の最期と見られている。

「トライトン」の哨区の隣には僚艦の「トリッガー」がおり、「トリッガー」も同じ三月十五日、ラバウルとパラオ間の船団を襲撃して、桃葉丸（三〇九七総トン、辰馬汽船）を撃沈している。このときトリガーは護衛していた第二十三駆潜隊の爆雷攻撃を受けたが、これとは別に、はるか遠方で約一時間にわたる爆雷攻撃の音を聴いたと報告していることも、その一つの証拠とされた。

ただ、米側は単に船団護衛中の駆逐艦としているが、これは駆逐艦ではなく、駆潜艇である可能性が大で、以前、潜水艦攻撃調書に貼付されていた写真に、当時の海上よりの回収物の写真が、駆潜艇24号の項にあった記憶からすると、同艇の可能性を大としたい。

駆潜艇24号は第二十三駆潜隊（22、23、24号）に属し、同隊は一九四二年五月に編成されたが、同年九月に第七根拠地隊（ニューギニア）に配属され、当時は第八根拠地隊（ラバウル）に応援のため移っていた。

当時、ラバウルには第二十一駆潜隊（16～18号）、第三十二駆潜隊（28～30号）などがあって、主に船団護衛などに従事していた。当時における駆潜艇24号の行動調書によると、「三月十二日午後三時十五分、僚艦22号と共に出港、同二十二日午前五時五十分まで船団護衛に従事す」とあり、この間の対潜戦闘で「トライトン」を撃沈したのかもしれない。この行動中、駆潜艇24号の護衛する〝ふろりだ丸〟（五八五四総トン、川崎汽船）が雷撃されて航行不能となっており、このためラバウルから駆逐艦「望月」と曳航のため東寧丸（四九三〇総トン）を送ったとの記録もあり、これが「トライトン」の最後の戦果であったかもしれない。

＊

一九四三年中期、これまでは中部太平洋での米潜水艦の損害が多かったが、この時期、初めて日本本土周辺での戦果が生まれるに至った。もちろん、この海域はハワイを基地とする太平洋艦隊の潜水艦隊の縄張りだった。

日本周辺の防備は、各地方の防備部隊や警備部隊が主体で行なっており、その艦艇も第一線の艦艇と異なり、敷設艇や駆潜艇などの正規艦艇は数も少なく、特設駆潜艇や同掃海艇などの特設艦艇が多くを占めていた。ただ、各地の航空隊に属する水偵などが船団を護衛するケースが多く、一九四二年中期以後は本土周辺海域でもしばしば対潜攻撃例が報告され、かなりの数の敵潜を撃沈したかに思われていたが、結果的には一九四三年四月に三陸沖で消息を絶った「ピッケレル」がその最初の戦果であった。

これは、一つにこの時期の米潜水艦の魚雷不足と不良が原因して、米潜側もあまり戦果があがらず、その活動もあまり活発でなかったことも原因していよう。

前にも触れたように、米潜水艦用魚雷の不良はまず早発で、これは開戦以来しばしば報告されていた。しかしこれに対しては、兵器局は、とにかく敵艦船を撃沈しているとして、その改良に乗り気ではなかった。

しかし一九四三年中期以後は、使用中の魚雷の磁気爆発尖の使用をやめ、衝撃爆発尖だけを使用するよう通達していた。これにより早発はなくなったが、反面、今度は命中しても爆発しない不発魚雷が報告されるに至った。

一九四三年七月二十四日、トラック方面で米潜「タイノサ」の魚雷八本が命中しながら、沈没をまぬがれた第三図南丸がその典型で、ほかに横腹に魚雷をさしたまま帰投した多くの例が知られている。戦後に南極観測船として有名になった「宗谷」もその一隻で、もし米魚雷の欠陥がなかったら、のちの「宗谷」はなかったかもしれないのである。

これは、目標に対して鋭角で命中したときにだけ爆発する欠陥があったためで、これらの改良に同年九月ごろまでを要している。また魚雷の不足は、一九四三年に入ってもまだ解消されていず、このため一部の潜水艦は魚雷の代わりに機雷を搭載して、日本沿岸の機雷敷設に従事した時期もあった。

⑱ピッケレル（米）／一九四三年四月三日
〈水偵、敷設艇「白神」による〉

日本本土は当時、横須賀、呉、佐世保、舞鶴の四ヵ所に鎮守府が置かれていた。この鎮守の下位に警備府という組織があった。青森の大湊は当時この警備府、すなわち大湊警備府が置かれていた。これは東北地方、北海道、樺太、千島列島などの地域の警備を担当するもので、鎮守府の軍港に対して、警備府の場合は要港が置かれており、当時、この要港は他に鎮海、旅順、馬公などの本土外に多くがあって、本土は他に徳山（山口）があっただけである。

大湊警備府長官は一九四三年四月一日から、井上保雄中将（海兵三八期）に代わっていたが、指揮下の兵力は大湊周辺ではつぎのとおりで、開戦以来あまり変化はなかった。

大湊防備隊／津軽防備部隊
海防艦「八丈」「国後」
駆逐艦「沖風」
敷設艇「白神」「葦崎」「黒埼」
特設捕獲網艇「菊丸」
特設駆潜艇六隻
特設掃海艇　第二七掃海隊
特設監視艇四隻
大湊海軍航空隊（艦戦、水偵）

本土周辺の米潜水艦の動きは、開戦以来、東シナ海、本土南岸方面を中心に若干の被害があったが、一九四三年八月に入って、三陸沖方面での被害が発生し、津軽防備部隊および大湊航空隊の艦艇、航空機が出動して敵潜の掃討にあたった。

このため、同年十月に三陸方面に対潜機雷礁の敷設が実施され、尻矢沖、久慈湾沖、宮古湾沖、金華山沖などに各々敷設深度一四メートル、列線二万メートルほどの対潜機雷礁が完成した。

一九四三年に入って、三陸沖方面での米潜水艦による被害が増大しはじめ、対潜戦闘も活発化するに至った。本土周辺での米潜水艦撃沈第一号は、このときに上げた戦果だった。

米潜水艦「ピッケレル」は、一九三七年に就役したP級（一三一〇基準トン／水上）の一艦で、開戦時マニラの米アジア艦隊に属していた一隻であった。本艦は初めオーストラリアの基地から出撃していたが、新鋭艦を第一線に近いオーストラリアに投入したことから、真珠湾を基地とする太平洋艦隊に移り、一九四三年三月十八日、真珠湾より七回目のパトロールに出撃した。

途中、三月二十二日、ミッドウェーで燃料を補給したのち、三陸沖の哨区へ向かった。

四月三日、「ピッケレル」は駆潜艇13号を撃沈する。その夕方五時ごろ、八戸沖を南下中の第二四〇三船団の上空を警戒中の大湊航空隊の水偵は、船団の前方約一海里の海面に油が流れているのを発見、そこに着色マーカーを投下するとともに、その先端をたどって行くと、西南に向かって約二、三ノットの速力で油が移動しながらわき上がっているのを発見した。

五時十二分、同機は油紋の前方一〇〇メートルおよびさらにその前方一五〇メートルに六〇キロ対潜弾各一発ずつを投下した。水偵は船団護衛中の敷設艇「白神」を現場に誘導、「白神」は現場に到着後、爆雷九発を投下、さらに九発を投下すると多量の重油がわき上がってきた。

五時二十九分、「白神」は再び五発の爆雷を投下、また、駆けつけた特設駆潜艇文山丸（九七総トン）も、「白神」の三回目の投下位置の北方と東方にそれぞれ三発の爆雷を投下した。すなわち、この攻撃で合計二九発の爆雷と二発の対潜弾が投下されたことになる。

これが「ピッケレル」の最期と見られており、艦長A・H・アルストン少佐以下七四名全員が戦死した。「ピッケレル」が油を漏洩していたのは、事故ではなく、先に述べた対潜機雷礁の機雷に触れて損傷していた可能性も高く、このため日本側の探知と攻撃も容易であった。

「ピッケレル」は先の駆潜艇13号以外に、咸興丸（二九二九総トン）、立山丸（一九九六総トン）の二隻を沈めており、ほかに四月七日に福栄丸（一一一三総トン）を沈めたとの主張もあるが、この四月三日に撃沈されたとするならば、これは他潜のしわざであろう。

⑲グレナディア（米）／一九四三年四月二十二日
〈九七艦攻、捕獲網艇長江丸による〉

一九四三年、マレー半島の先端シンガポール（昭南）には、第一南遣艦隊の司令部が置かれ、半島西岸のペナンには麾下の第九根拠地隊があった。ペナンは第一次大戦中に、ドイツの巡洋艦「エムデン」が襲撃したことで有名であるが、第二次大戦ではドイツ海軍のUボートが進出して、日本海軍と協同して通商破壊戦に従事していた。このような重要地点を警戒するため、シンガポールの第九三六航空隊は毎時、哨戒用の九七艦攻を飛ばして、周辺海域を警戒していた。

一九四三年四月二十日、ペナンに派遣されていた第九三六航空隊の艦攻一機は、マレー半島の西岸にあるプーケット島沖で、浮上潜水艦一隻を発見した。午前十時三十分のことである。

このとき、発見されたのが米潜水艦「グレナディア」であった。同艦は一九四一年に就役したタムボー級（一四七五基準トン／水上）の一艦で、オーストラリアのフリーマントルから出撃した艦で、これが六回目のパトロールだった。四月二十日夜、ペナン北西のレムボアラン海峡で二、三隻の船団を発見した同艦は、これを追跡中に見失い、再度発見した船団を襲撃準備中に、日本機の攻撃を受けたのであった。

同艦はただちに潜航したが、深度三五メートル付近で投下した対潜弾が命中炸裂した。爆弾は二五〇キロ対潜弾で、機関コントロール・ルームと後部発射管室の間に命中、後部の船体とハッチは破壊されて浸水、艦内の照明は消え、動力も失われてしまった。海底約八〇メートルに沈座した同艦は、艦内に煙が立ち込めて、乗員の一部が倒れるに至って浮上を決意した。暗やみの海上に浮上した同艦は修理に努めて、どうにか低速航行が可能なまでに回復した。

四月二十一日午前三時二十分、船団（二隻）護送中の特設砲艦江祥丸（一三六五総トン、名村汽船）がこの「グレナディア」を発見した。しかし、三時間にわたる追跡でその姿を見失ってしまった。九時四十五分、九七艦攻が上空に飛来、さらに陸軍機も発見に協力したが、発見することはできなかった。しかし、翌朝の午前九時五分、第九三六航空隊の一機が「グレナディア」を再発見した。

九七艦攻の爆撃を受けた「グレナディア」は機銃で反撃したが、やがて、九時三十分、第九根拠地隊の特設捕獲網艇長江丸（八八九総トン、三光汽船）が駆けつけて砲撃を開始するに至って、艦長のフィツジェラルド少佐は艦の放棄を決意、白旗を掲げて降伏、十時、船体は沈みはじめ乗組員は海上から救助されて、士官八名、下士官兵三〇名が捕虜となった。

ペナンに連行された乗員は、日本側の訊問を受け、とくに通信士はレーダーについて厳しく訊問されたという。戦後、帰還し得たのは艦長以下六名といわれており、他の乗員の運命については明らかでない。

なお「グレナディア」の戦果は、一九四二年五月八日に日本郵船の太洋丸（一万四四五八総トン）を沈めたのが唯一の戦果であった。

⑳ランナー（米）／一九四三年六月十六～二十四日？

〈水偵、敷設艇「白神」による？〉

米潜水艦「ランナー」は一九四二年七月に就役したガトー級の新鋭艦で、一九四三年五月二十八日、三回目のパトロールのためミッドウェーを出撃した。行き先は北海道南部および三陸沖だった。しかし、以後同艦は消息を断ち、七月二十日に米海軍はその喪失を認めた。その喪失原因については不明とされ、三陸沖の機雷原での喪失も可能性としては残されているが、日本側の六月における三陸方面での対潜戦闘記録を見るとつぎの二つが可能性の高いものといえる。

一、六月十六日、三陸白糖灯台沖で、大湊航空隊の航空機が潜没潜水艦を発見、水偵六機と特設駆潜艇水上丸の協同攻撃により、多量の油の浮上を認めた。また同日の戦闘記録としてはほかに、岩手県釜石沖で、第二六一五船団（三隻）護送中の駆逐艦「野風」と水偵の対潜攻撃例もある。

二、六月二十二日、大湊航空隊の水偵は白糖灯台沖において、船団護衛中、十時四十五分、船団の前方で、移動する油泡を発見した。同機はこの油泡の前方八〇～一〇〇メートルに対潜弾二発を投下、応援の水偵も到着し、午後には敷設艇「白神」と特設監視艇宮丸（八一総トン）も現場に来て、爆雷攻撃を加えた

その後、さらに特設監視艇海和丸（九九総トン）、同水上丸（九七総トン）、同文山丸（九七総トン）も到着、爆雷攻撃を加えた。もちろん、この種の特設監視艇の装備する爆雷は、通常の爆雷より小型のもので、炸薬量も二〇キロ程度だから威力は弱かった。

夕方に至って油のわき出し点は移動を停止し、翌二十三日、「白神」、水上丸は再度とどめの爆雷攻撃を午前八時四十五分と九時二十五分の二度にわたって加え、現場を去った。

もし、これが「ランナー」の最期とすれば、先の「ピッケレル」に続いて、その手柄は大湊航空隊の水偵と「白神」ということになろう。水偵は合計五九発の対潜弾を投下しており、水上艦艇も合計六六発の爆雷を投下しているが、このうちの四四発は「白神」の投下したものだから、特設監視艇の手柄とするには無理がある。

なお、「ランナー」は艦長のJ・H・ブーランド少佐以下七八名全員が戦死していることはいうまでもない。「ランナー」のこれまでの戦果としては、貨物船二隻を撃沈したことになっているが、そのうちの一隻は六月二十六日に撃沈した神龍丸（四九三六総トン）となっているから、これまで述べたように六月十六日または同二十二日の撃沈とすれば、これは他艦の手柄となる。

㉑グレイリング（米）／一九四三年九月九日

〈運送艦北安丸の体当たりによる〉

一九四三年九月九日、フィリピンのリンガエン湾沖を特設運送艦北安丸（三七一二総トン、大連汽船）が高雄へ向けて航行中だった。同艦は一九四〇年十月に海軍に徴用された中型貨物船で、九月七日にマニラを出港したものだった。

北安丸が浅深度で潜航中の潜水艦を発見したのはこのときで、同艦はまっしぐらに全速でこれに突進、軽いショックとともにこれを乗り切った。

これが米潜水艦「グレイリング」の最期と見られている。

「グレイリング」は一九四一年三月に就役した、先の「グレナディア」と同型のタンバー級の一艦で、オーストラリアのフリーマントルを一九四三年七月三十日に出撃したもので、これが八回目のパトロールであった。同艦はマカッサル海峡を通過してフィリピン近海の哨戒に入り、八月十九日、バリクパパン近くで六〇〇〇トン級貨物船を中破。翌日二五〇トン型機帆船を砲撃で沈め、乗員一人を捕虜としたことを報告してきたが、これが同艦からの最後の報告だった。八月二十三日、同艦はパンダン湾のパネーのゲリラ部隊に物資を送る任務を命じられた。これを完了したのちにタブラス海峡の偵察、さらにマニラ近辺のパトロールに従事するはずであった。

多分、体当たりされた「グレイリング」は、船体内殻部分を破られて、急速に沈没したものらしく、艦長R・M・グリンカー少佐以下七六名全員が戦死している。

「グレイリング」の戦果はこのパトロール中に沈めたと見られている明山丸（五四八〇総トン）を含めて四隻、約二万総トンを沈めている。

殊勲の北安丸は三日後の九月十二日、無事、高雄に入港した。同艦はその後、一九四四年二月十四日、トラック島の西方で米潜水艦に撃沈され、仇をうたれたことになった。なお体当たりといえば、給糧艦「早崎」も一九四三年二月七日、米潜水艦「グローラー」を沈めるにはいたらなかったが、乗り切っている。

この北安丸の戦功は先に紹介した鹿野丸に続く、商船としては二度目の殊勲であった。もっとも、レーダーやソナーを完備した米潜水艦が、このような商船の接近に気づかなかったのも、そもそもウカツな話である。

＊

一九四三年の九月〜十月は日本の対潜スコアがきわめて多くの戦果をあげたときである。先に述べた米潜水艦「グレイリング」も九月だが、これを含めて九月中に三隻を血祭りに上げ、十月には三隻、つまり二ヵ月間に六隻を撃沈しているからである。

太平洋戦争の緒戦には、面白いように戦果があがったものだが、それ以後は戦果があがらず、一九四三年九月～十月はまさにその再来といえた。しかもこのときの戦果は、手強いベテラン米潜水艦ばかりであった。この戦闘は北方水域、日本本土沖、南方水域と各所にわたり、河用砲艦や旧式な水上偵察機、海防艦などが撃沈の主役であるのが面白いところである。

㉒ポムパノウ（米）／一九四三年九月十七日～十八日
〈水偵、敷設特務艇「葦崎」による〉

「ポムパノウ」は戦前のPクラスのうちの第三グループ六隻に属する艦である。この級の六隻は、これまでに二隻が失われていた。すなわち、一九四二年三月の「パーチ」（駆逐艦「潮」による）、一九四三年四月の「ピッケレル」（敷設艇「白神」などによる）で、今回の「ポムパノウ」が三隻目ということになる。「ポムパノウ」はハワイを基地とする太平洋方面潜水艦隊に属し、一九四三年八月二十日、ミッドウェーを出港した。

同艦は七回目のパトロールであるが、今までに三隻の日本商船を沈めていた。ところが、「ポムパノウ」は出撃以来、行方不明となってしまった。同艦は八月二十九日から九月二十七日まで日本本土東岸の哨区につくことになっていた。九月三日、産業設備営団の民需船あかま丸（五六〇〇総トン）が津軽海峡の東方で雷撃により沈んでいるが、これは「ポムパノウ」が沈めたものとされている。となると九月四日以後に本州北方の東岸で「ポムパノウ」は失われていたことになる。

この時期の日本側の対潜戦闘で、最も可能性の高いものとしては、大湊航空隊の水上偵察機が、青森県北東端尻矢崎の沖で九月十七日に行なった対潜戦闘がある。つまり、油紋を発見した同機は艦艇と協力し、協同攻撃の結果、多量の油のわき出しを見た。艦艇とはおそらく大湊警備隊のうちの尻矢崎部隊を指すものであろう。

九月十八日、さらに、敷設特務艇「葦崎」が現場におもむいて爆雷攻撃をし、撃沈を確実としたということである。この「葦崎」は大正時代に竣工した旧式なマインボートだが、石炭焚きであるため重油の不足になやまされることなく、自由に行動できたのは皮肉である。「ポムパノウ」はW・H・トーマス少佐以下全員が戦死している。

「ポムパノウ」の沈没に関しては従来、三陸沖の機雷原にやられたものと推定されていた。この時期の日本側のこの地域における対潜戦闘を見ると、いわゆる、哨戒中に油紋を発見してこれを攻撃した例がかなりある。油紋が移動していれば、明らかに潜水艦と判定できるが、それがつねに敵潜水艦とは限らず、油紋をたどって爆雷攻撃を加え、これを撃沈確実として報告している例がいろいろある反面、実際に撃沈されている潜水艦は少ないのである。したがって、ここに示した例も、これが「ポムパノウ」の撃沈と断定できる確実な証拠はなく、あくまでも推定に過ぎない。

また九月二十五日、東亜海運の太湖丸（二九五八総トン）が北緯四一度三〇分、東経一三九度〇分の北海道西方の海上で撃沈されたのは、「ポムパノウ」によるものと米海軍では公式に記録されているが、その太湖丸の沈没位置は日本海ということになっており、このとき日本海へ侵入した米潜水艦は「パーミット」「プランジャー」「レーポン」の三隻であるが、往復とも北海道と樺太の間の宗谷海峡を突破、津軽海峡は通過しなかったのである。

日本海への侵入は重要な作戦であり、「ポムパノウ」が勝手に自己の哨区である太平洋岸を離れ、日本海に侵入するということは考えられない。こう考えれば、太湖丸を撃沈したのも、また九月十八日に小樽北方で大湊空の水偵に攻撃されたのも、「ポムパノウ」ではないということになり、先の尻矢崎沖の攻撃で沈没した可能性が残るのである。

㉓シスコ（米）／一九四三年九月二十八日
〈河用砲艦「唐津」および九七艦攻による〉

米潜水艦の中には「トウタグ」のように何回も出撃して日本艦船を二六隻も撃沈した殊勲艦もあれば、初出撃であっけなく撃沈されてしまう運の悪い艦もあった。新鋭艦「シスコ」はその運の悪い艦の一隻である。

同艦はオーストラリアを基地とする南西太平洋艦隊潜水艦部隊（ラルフ・クリスチー少将）第七一部隊のうち、東岸のブリスベーンを基地とする第一六潜水隊に配属されていた。艦長J・W・コー少佐は以前、S39や「スキップジャック」の艦長を務め、今回新鋭艦をもらったばかりだった。同艦はフィリピンと仏印間の南シナ海での哨戒を命ぜられ、一九四三年九月十八日、オーストラリアの北岸のポートダーウィンを出撃した。

ところが、主水圧系に故障がおこり、ただちにポートダーウィンにもどり、修理後、翌日再度出撃する。これがケチのつきはじめだった。

「シスコ」はアラフラ海、フィリピン南部のスル海を経由して北上するコースを取るよう命ぜられていた。ところが、当時日本側では南フィリピンのゲリラの活動に神経をとがらせていた。しかも、ゲリラの陣地を奇襲すると米軍の軍事物資があり、暗夜こっそりと米潜水艦から補給を受けているのではないかと疑っていた。

　フィリピンでの日本海軍の兵力の中心は第三南遣艦隊（司令部マニラ）で、司令官は岡新中将である。第三南遣艦隊といっても地上基地隊が主であり、特設艦船のほかに敷設艦「津軽」、河用砲艦「唐津」、水雷艇「隼」ぐらいしかなかった。ともかく、第三南遣艦隊は少ない兵力を投入して中・南部のフィリピンの島々をパトロールし、ゲリラが米潜水艦と接触することを監視していた。「シスコ」はたまたまその警戒の網にひっかかったのである。

一方、当時スマトラ方面の警備を受けもっていたのは第二南遣艦隊である。この艦隊に旧式な給油艦「早鞆」という艦があった。同艦は一九四三年九月二十四日、スマトラのパレンバンから石油を積んで北上、フィリピンのマニラに向かっていた。第三南遣艦隊の河用砲艦「唐津」がこれを護衛していた。細い二本煙突をもつ「唐津」はもと米河用砲艦「ルソン」の後身で、開戦直前、揚子江から脱走しフィリピンで自沈したのを、のちにマニラの第一〇三工作部が引き上げて修復して、地元の第三南遣艦隊に配属したものだった。

　第三南遣艦隊の下には別に第九五四航空隊という兵力があり、創設は一九四二年二月、南九州の指宿で、初め九九式艦上爆撃機よりなっていたが、その後、九七式艦上攻撃機に機種が変わって、一九四三年七月には水上偵察機も加えられていた。その九七艦攻がセブ島より飛来し、「早鞆」の上空で対潜警戒についていた。

　九月二十八日、つまり「シスコ」が出撃してから九日目、フィリピン中央部パネイ島付近、イロイロの西方四二海里で「唐津」が海上に油が洩れているのを発見、その地点に爆雷を投下した。午前九時十五分、報告を聞いた第九五四航空隊の九七艦攻二機が急行して、上空から付近を監視する。三〇分後、「唐津」は浅深度に敵潜を発見したが、その後見失ってしまう。十一時二十分、一機の艦攻が燃料補給のため離脱、残った艦攻一機が上空監視を続けていた。

午後十二時五分、艦攻はふたたび敵潜を発見し、一〇分後、対潜爆弾を投下、四四分後、再度爆撃するとドス黒いディーゼル油が噴出してきた。燃料と爆弾を補給した九七艦攻が戻ってきて再度爆撃する。その後「唐津」とともに攻撃を続行した結果、油はますます噴出して、敵潜の撃沈は確実となった。これが「シスコ」の最期と見られている。艦長のコー少佐以下全員戦死した。

それ以後も午後五時十五分まで監視は続けられ、さらにその後の十月一日、確実を期すために第三南遣艦隊の特設掃海艇第十八長運丸（一九五総トン）、第三十一根拠地隊（マニラ）の興嶺丸（五四〇総トン）の二隻が現場付近を再度、爆雷攻撃したという。

㉔S44（米）／一九四三年十月八日

〈海防艦「石垣」による〉

日本海軍が北東方面を担当する第五艦隊をもっていたように、米海軍もアリューシャン方面に第八艦隊（マックモリス中将）を一九四三年三月に創設した。司令官マックモリス中将は四本煙突の古い軽巡「リッチモンド」を旗艦としていた。水上部隊のほかに潜水艦部隊もあり、一九四三年秋には、艦隊用潜水艦のほか旧式なS型潜水艦一三隻が、アリューシャン列島のダッチハーバーを基地としていた。

荒天と悪天候の多い北方水域では、日本でも呂号潜水艦では苦労したから、アメリカもSクラスの小型艦ではたいへん苦労したにちがいない。

その一隻S44は一九四二年八月、第一次ソロモン海戦に勝利を収めて、意気揚々と帰投中の日本艦隊中の重巡「加古」を撃沈した殊勲艦である。その後、Sクラスは本国で補修後、北方水域へ送られたのであった。彼らは単独航行中の日本貨物船をよく血祭りに上げた。当地の第一水雷戦隊（旗艦「阿武隈」）は兵力の半分以上を南方方面にとり上げられてしまっていたため、米潜水艦は日本側の対潜兵力をすっかり見くびっていたのである。日本軍のキスカ島撤退が一九四三年七月に完了すると、米潜水艦はふたたび北方水域での攻勢を強めてきたのであった。

当時、第五艦隊とは別に、大湊警備府（司令長官井上保雄中将）があり、本土北方方面の警備を担当していた。さらにその下には千島防備隊があり、海防艦「石垣」、第一駆逐隊（「神風」「沼風」「野風」「波風」）を中心とする兵力があり、対潜警戒とともに、アメリカから軍需品を積んで航行するソ連の貨物船を監視するのも任務だった。そのほか「石垣」は何回も、北洋の漁船群を保護するという苦しい任務にもついていた。しかし、北方部隊にとって最大の敵は濃霧、寒気、荒天であった。

だが「石垣」の苦労が報いられる日が来た。一九四三年十月八日、「石垣」は冷凍運搬船幸光丸（一五二〇総トン）を護衛して北千島の幌筵島を出港、南西に向かった。幸光丸は大正十一年に竣工した速力九ノットという旧式な低速船である。十月八日の午後六時三十一分、二隻は阿頼度島の北北東一八・六海里にさしかかった。

米潜水艦S44は九月二十六日にアリューシャン列島のアッツ島の臨時前進基地から出撃し、今回の任務である千島列島付近の哨戒についていた。S44には小さな幸光丸しか見えなかったようで、艦長フランシス・E・ブラウン少佐は浮上して、砲撃によりこれを沈めようとしたらしかった。

S級潜水艦は艦首に五三センチ発射管四基を有するのみで、魚雷搭載数も一二本と少なく、そのため小さな目標に対しては魚雷を節約して、砲撃で沈めようと考えたものらしかった。S級は前甲板に一〇センチ砲一門を装備していた。浮上したブラウン少佐は一〇センチ砲の射撃を命じた。

しかし、六時三十二分、「石垣」はS44が「石垣」を発見するより早く、S44を左舷斜め前方三〇〇〇メートルに発見した。すかさず「石垣」は前後にある一二センチ砲三門の射撃を開始した。この砲はG砲ともいわれ、大正時代の「睦月（むつき）」「神風」クラス駆逐艦の主砲と同じ平射砲であった。

「石垣」は海防艦といっても初期の「占守」クラスで、砲戦能力は強かった。距離はグングン縮まり、「石垣」の初弾がS44の司令塔下の水線付近の発令所に命中した。S44も一〇センチ砲と機銃を撃ち返してくる。六時三十九分、「石垣」は七五センチ探照灯で敵を照射しつつ、二五ミリ機銃も撃ちはじめた。そのとき、S44は「石垣」の右舷真横わずか五〇メートルを反航していた。第二弾が前部電池室に命中、ブラウン少佐は砲戦の不利を直感し、すでに潜航を命じていたが、なぜかいくらたっても船体は浮上したままだった。

午後六時四十分、「石垣」は変針して敵と同航になり、接近戦に入りその距離二五メートルという至近のときもあった。四分後、一二センチ砲弾五発以上がたて続けに命中、二五ミリ機銃弾も一〇発以上が命中した。艦長ブラウン少佐は「総員退艦」を命じると、前部のハッチから白い布をふり続けたが、「石垣」は射撃を止めようとせず、六時四十六分、S44はとうとう沈没してしまった。乗員八名が海中に飛び込んだが二名だけが「石垣」に救助され、艦長以下残りの六一名は溺死、または戦死した。

二名の捕虜からこの潜水艦がS44であるとわかり、この二名はその後収容所に入れられ、終戦後、無事解放されている。

さて、このS44の撃沈はかなりこれまでとは変わったケースであった。一つは海防艦による最初の戦果ということである。航洋性のない駆潜艇とは別に、対潜を専門とする海防艦が初めて米潜水艦を沈めたわけで、しかも爆雷ではなく、砲によるということも、この時期としては珍しかった。

つぎに米潜水艦が古典的な浮上砲撃戦を挑んだということである。アメリカの艦隊用潜水艦は一二・七センチ砲（二五口径）を持っていたが、Sクラスは五〇口径の一〇センチ砲しか装備していない。にもかかわらず砲撃戦をブラウン少佐が決意したのは、相手を誤認したためと、日本商船が有力な砲を装備していないことが多かった、ということであろう。日本商船の中には木に着色したダミーの大砲さえあった状態で、そのため浮上した米潜水艦の砲撃で沈められた日本小型船は何隻もあったという。

＊

ところで、今まで沈められた連合軍側の潜水艦は、アメリカとオランダの潜水艦だけであったが、やがてイギリス潜水艦が登場してくる。そこでここでは、当時の極東方面における英潜水艦について少し説明してみよう。

第二次大戦勃発とともに極東の英潜水艦は、ヨーロッパ戦に備えるため東洋艦隊の第四潜水戦隊（O・P・Rクラス）一三隻を、シンガポールから引き揚げてしまった。したがって一九四一年十二月八日の開戦時、英潜水艦は極東方面には一隻もいなかった。翌一九四二年一月、地中海のアレキサンドリアの第一潜水戦隊（一二隻、Tクラスを主力とする）では「トラスティ」（W・P・A・キング少佐）、「トルーアント」（H・A・V・ハガード少佐）の二隻をインド洋のセイロン島コロンボに送った。

四月初め、南雲機動部隊がインド洋に侵攻してくるきざしが見えたので、英潜水艦はマラッカ海峡にひそんで待ち伏せたが、日本の機動部隊はジャワの南を迂回したので、空振りに終わってしまった。その上、古い潜水母艦「ルチア」（もとドイツ客船スプリーワルド、第一次大戦中の捕獲艦）を空母「瑞鶴」「翔鶴」の九七艦攻の爆撃で小破させられてしまった。

しかし、「トルーアント」がビルマ作戦からシンガポールへ帰る途中の八重丸（六七八〇総トン、国際汽船）、春晴丸（四九四九総トン）を沈めているが、これは英潜水艦に撃沈された最初の日本船である。

ところが、この二隻は修理のため本国に帰ってしまい、一九四三年の前半に、マラッカ海峡付近のパトロールをしていたのは、オランダ潜水艦O21、O23、O24と北大西洋から回航してきた「ロバー」の計四隻だった。そこで一九四三年七月、地中海から第四潜水戦隊の八隻（Sクラス三隻、Tクラス五隻）がセイロンに送られ、潜水母艦「アダマント」もすでに到着していた。Tクラスのうち「トライデント」は一年前、ノルウェー沖でドイツ重巡「プリンツ・オイゲン」を雷撃した殊勲艦である。同艦は一九四三年八月二十九日に、スマトラのサバンに入港しようとした練習巡洋艦「香椎」に八本の魚雷を放ったが、一本も命中しなかったこともあった。

*

一九四三年十月～十二月は、九月に引き続き、良好な戦果を示した。これは日本側の対潜組織が、ようやく整ってきたためであろう。というのも、この年の十一月十五日に海上護衛総司令部が設立されたのである。従来の第一海上護衛隊（台湾、フィリピン、シンガポール方面）と、第二海上護衛隊（サイパン、トラック、ラバウル方面）もこの中に含まれたが、その戦力となる艦艇は、実質的には第一線の水雷戦隊では使えないような旧式駆逐艦や水雷艇、新しく登場した海防艦、さらに特設艦船よりなる兵力だった。連合艦隊でさえ駆逐艦の不足に悩んでいたこのころでは、シーレーン防衛の海上護衛司令部には、第一線の駆逐艦を回す余裕はなかった。

海上護衛司令部の初代司令長官は及川古志郎大将であった。当時の貧弱な護衛兵力では、さらに船団護送中の対潜戦闘の幼稚さもあって、実際に戦果をあげたのは海上護衛総司令部所属の艦艇よりも、従来と同じく連合艦隊や各鎮守府所属の艦船の方が多かった。

たとえば潜水艦S44を沈めた海防艦「石垣」は、当時、大湊鎮守府、千島防備部隊の所属であった（「石垣」はのちに一九四四年一月十六日、海上護衛総司令部の第二海上護衛隊に編入されている）。しかし、まがりなりにも海上護衛の兵力が一元化されたことは日本海軍にとって幸いといえよう。

㉕ワフー（米）

〈水偵、駆潜艇15号および43号による〉／一九四三年十月十一日

米潜水艦「ワフー」は、戦時量産型のガトー級（一五二五トン）に属する一艦である。同艦はこれまでに商船ばかり約二〇隻、計六万三八総トンも沈めたエース級であった。二〇隻という撃沈隻数は、大戦中の戦果としては「シーホース」と同じ第六位にランクされるが、沈めたのが小型船ばかりなのでトン数でいうと第二三位となる。しかも十月六日に沈めた漢江丸（朝鮮汽船）と、十月九日に南方で飛行機によって沈められた別の漢江丸（飯野海運）とが二重に記録され、「ワフー」は沈めてもいない分も沈めたことになっていた。

ところで、「ワフー」は日本海へ侵入した潜水艦としても知られている。

当時、日本海は日本本土と満州、朝鮮を結ぶ重要な航路で、大陸との間には、民間人や兵士たちの往来も激しかった。日本海は日本側にとっても聖域の一つで、三海峡を機雷で封鎖し、潜水艦の侵入を防いでいたが、米海軍もここを〝天皇の浴室〟と呼んで、たびたび侵入を図って来た。米海軍は太平洋戦争中、四回にわたって日本海への潜水艦侵入を行なった。一回目が一九四三年七月の三隻、二回目が同年八月の二隻、このうちの一隻がこの「ワフー」だった。同艦にとってはこれは六回目の出撃であった。ところが魚雷の不調がたたって一隻も戦果があがらない。艦長D・W・モートン中佐は、ハワイの兵器局に駆け込み、「魚雷の欠陥をただちにチェックしてくれ」とどなり込んだ。「ワフー」の日本海での戦果は小

さな機帆船三隻を、浮上して砲撃で沈めただけであった。

新しい魚雷を受け取った「ワフー」は、一九四三年九月九日、真珠湾から七回目のパトロールに出撃した。今回は「ソーフィッシュ」と組んで三回目（「ワフー」にとっては二度目）の日本海侵入を行なう予定であった。蛇足だが最後の（つまり四回目の）日本海侵入は二年後の一九四五年六月のことで、このときは一挙に九隻もが侵入する。

さて、「ワフー」は途中、ミッドウェー島の前進基地に寄り、そこを九月十三日に出撃した。同艦は北海道と樺太との間の宗谷海峡を突破して、九月二十日ごろ日本海へ侵入した。同艦はその後南下を続け、十月五日の夜、国鉄（当時は鉄道省）の関釜連絡船昆崙丸（七九〇八総トン）を、対馬海峡で撃沈した。昆崙丸の沈没は国鉄連絡船の最初の犠牲であり、五四四人もの死者が出たため新聞にも大きく発表された。さらに十月六日、「ワフー」は漢江丸（一二八八総トン、朝鮮汽船）を日本海で撃沈した。このところ続いた米潜水艦の日本海侵入に手をやいた日本海軍では、各海峡の警戒を厳重にしていた。「ワフー」はついにこの網にひっかかったのだ。

第一～三次、合計七隻の米潜水艦が日本海に侵入したため、大湊警備府では第五十二根拠地隊司令官永井静治少将を指揮官として、宗谷海峡の警備を固めていた。永井少将は戦前、水上機母艦「千代田」「千歳」の艦長をつとめた人物であった。そして、宗谷防備部隊をも合わせ指揮していた。

日本海から脱出しようとした「ワフー」は、一九四三年十月十一日、宗谷海峡を浮上したまま突破しようとしたらしい。宗谷海峡は幅四五キロ、海底は平均五〇メートルと浅く、しかも対潜機雷原があるため潜水艦には苦手な海峡だ。しかも潮の流れは時速一ノット と早い。この時期、荒天の日が多く、そろそろ流氷も見えるころだった。日本陸軍はここに太平洋戦争直前の一九四一年九月、九六式一五センチカノン砲四門の砲台を設けていた。この砲台が敵潜を発見して射撃を加えた。もちろん敵潜は潜航する。

しかし、稚内から発進した大湊航空隊分遣隊の水上偵察機19号が十月十一日午前九時二十分、現場に幅五メートル、長さ一〇メートルもの油が浮流しているのを発見した。同機が上空を旋回しつつ哨戒していると、油の先に司令塔らしき黒いものを発見した。これに対して九時四十五分、爆弾一発を投下すると、船体およびスクリューの白い航跡が認められた。さらにつぎの一発を投下すると、気泡と油がわき上がってきた。現場に到着した2号機も油帯をひきつつ浅深度にいる敵潜を発見し、計四発の小型爆弾を投下、さらに油がわき出してくるのを確認した。時に十時二十五分、19号機が、また十時三十四分には20号機が飛来、後者は新たに爆撃を行なった。しかし油の変化は認められない。十一時四十五分、19号機は駆潜艇15号を現場に誘導してきた。

この駆潜艇15号は第五艦隊所属であり、さきに偵察機よりの報告を受け、現場へ急行していたのだ。同艦は開戦時、パラオの第一根拠地隊に属しており、フィリピン攻略作戦に従事したのち、一九四二年七月以降、内地に戻っていたのである。15号は水上偵察機に誘導されつつ午後十二時三分、九個の爆雷を投下した。浮上してきた重油の北西二〇〇メートルの位置に四分後、さらに七個の爆雷を投下する。このとき、水煙の中に潜水艦のスクリュー翼片が目撃されたともいわれている。

午後十二時十八分、駆潜艇15号は三回目の攻撃として爆雷一個を投下した。応援に到着した駆潜艇43号も十二時二十一分、爆雷攻撃に加わり六個を投下する。半年前竣工したばかりの43号は、横須賀防備戦隊に編入されたまま、こんな北方で行動していたのだ。十二時五十分には上空の偵察機から「敵潜の航跡が消えた」という報告が入った。水上偵察機の応援も到着し、新しい6号機は一時ちょうど、爆弾二発を投下した。

午後一時三十分、掃海特務艇18号も到着して爆雷二個を投下した。掃海特務艇（二一五トン）は鋼製の漁船型掃海艇であり、正規の掃海艇の不足を補うため建造されたもので、爆雷兵装をもっている。とくに18号は三ヵ月前に竣工したばかりの新艦であった。四時ごろまで続けられた攻撃で使用した爆雷は三隻合計（攻撃回数一六回）六三個、また投下した小型爆弾は合計四〇発に達した。二ヵ月前、同じ大湊航空隊は「ポムパノウ」撃沈に二九発を使ったものだが、今回はさらに徹底的にやったわけだ。流出した油は日本軍で使用している新2号重油に匹敵する良質油であったという。そして、夜間になっても幅六〇メートル、長さ三海里の油帯が残ったという。これが「ワフー」の最期と見られている。多分、砲撃で急速潜航したときに機雷にでも触れて損傷、油を流していたのを発見されたのであろう。

「ワフー」は艦長ダドレイ・W・モートン中佐以下八〇名全員が戦死した。これで大湊航空隊の水上偵察機は、「ピッケレル」「グレイリング」「ポムパノウ」「ワフー」と続けて四隻の米潜水艦を沈めていることになる。撃沈までに四時間余にわたり六〇キロ爆弾四〇発、爆雷など六三発を使用したことになる。

〈番外〉タウラス（英）／一九四三年十一月十四日

〈駆潜艇20号により大破〉

太平洋戦争中、日本はドイツと連絡を取り合い、兵器や物資の交換、技術資料の交換などを行なった。当然、その任務は潜水艦が受けもつことになる。一回目は伊三〇がドイツへ無事に到着したが、帰途、シンガポール沖で味方の機雷で沈没してしまった。二回目は伊八であり、これは無事に帰還した。三回目は伊三四が一九四三年十一月にドイツへ向かった。

ところが、さすが情報戦にたけたイギリスは伊三四の動きを察知して、待ち伏せていたのであった。十一月十三日、伊三四は英潜水艦「タウラス」（M・ウィンフィールド少佐）の魚雷を受けて沈没してしまった。「タウラス」は半年前に竣工したばかりの新鋭艦であり、地中海から回航してきた例の八隻組の一隻だった。T級は排水量一〇九〇トンと米ガトー級より小さいが、五三センチ発射管を一一門ももっており、艦首の六門のほか五門の舷外発射管を外殻構造物の三ヵ所に設けていた。

さて、沈められた伊三四はドイツに向かう途中、マレー半島西岸のペナンに寄港することになっていた。ところが伊三四がペナンになかなか到着しないので、ペナンの第八根拠地隊が兵力を出して付近を捜索していた。もっとも根拠地隊の兵力といっても特設艦船が主力で、その一隻の駆潜艇20号はパラオ方面から移動し、マラッカ海峡の警備についたばかりだった。

一九四三年十一月十四日、午前六時五分、駆潜艇20号はマラッカ海峡のジャラック島の北東一〇海里で右舷前方五〇〇〇メートルに浮上中の「タウラス」を発見する。「タウラス」は急速潜航したため、駆潜艇20号は爆雷を投下した。二時間後の八時五十四分、再び「タウラス」が浮上すると、駆潜艇20号は距離一三〇〇メートルで、八センチ高角砲を撃った。一発が「タウラス」の司令塔に命中、「タウラス」も一〇センチ砲で撃ち返してきた。

その一発が艦橋に命中、艦長小林直一大尉以下数名を戦死させ、さらに数発が命中した。機関長大隈良通中尉が指揮を引き継いで戦闘を続けたが、「タウラス」は砲撃戦をやめ、潜航に移った。20号は再び爆雷を投下したが、損傷がひどく、一時は総員退艦を考えたが、水上偵察機と第九根拠地隊の特設駆潜艇長江丸（八八九総トン）が救援に駆けつけてくれた。

結局、日本海軍が最初の英潜水艦を沈めるのは、このあと四ヵ月のちのことである。

㉖コービナ（米）／一九四三年十一月十七日

〈潜水艦伊一七六による〉

「ワフー」の撃沈より約一ヵ月後、今度は第六艦隊の潜水艦伊一七六が戦果をあげた。同艦は海大7型の新鋭艦だった。同艦はガダルカナル島の戦いがたけなわの一九四二年十月二十日、ソロモン海域で米重巡「チェスター」に魚雷を命中させた殊勲者でもあった。伊一七六はニューブリテン島ラバウルより、ニューギニアへの物資輸送に従事したのち、一九四三年十一月十三日、ラバウルを出港、トラック島に向かった。

他方、米潜水艦「コービナ」は完成したばかりのガトー級新鋭艦だった。先の「ワフー」と同型である。「コービナ」は一九四三年十一月四日、真珠湾を出撃、途中、ジョンストン島に寄ったのちトラック島の南の哨区へ向かった。米軍のギルバート諸島攻略に合わせて、「待ちかまえて日本艦隊を攻撃せよ」という命令を受けていたのだった。

しかし「コービナ」の遭ったのは日本艦隊ではなく、ライバルの日本潜水艦だった。新前の「コービナ」と、これも新鋭の伊一七六との遭遇である。

このころ米潜水艦はすでに水上見張用のSJレーダーを装備していたはずだが、伊一七六の見張員の目の方が早かったのだ。同艦は十一月十六日の午後十時十二分、トラック島の南東を一六ノットで北上していた。すると北東の方向八〇〇〇メートルに黒点を発見した。艦長山口幸三郎中佐は艦首をこれに向けて接近したが、四分後、敵潜水艦とわかり、急速潜航を命じた。十一時五十七分、伊一七六は敵潜の右斜め後方二五〇〇メートルまで接近した。

しかし、これでは魚雷を撃ちにくい体勢だったので、艦長は浮上砲戦を決意した。

翌十一月十七日午前零時十二分、発見よりちょうど二時間が経過した時に、「コービナ」が突如変針し、こちらへ向かう様子を示した。そのため浮上砲戦をやめ、再び潜航し敵を左舷に見ての同航戦だ。零時二十分、艦首の発射管から魚雷三本が発射された。一分後、二本が命中する。零時三十分、伊一七六が浮上してみると多くの油が海面に浮かんでいた。

「コービナ」は艦長ロデリック・S・ルーニー中佐以下八二名全員が戦死した。「コービナ」はトラック島南方で作戦ののち、ハワイへ帰らずオーストラリア東岸の第七二部隊（南西太平洋潜水艦隊）に配属替えになる予定だった。現地ではいくら待っても「コービナ」が帰投しないため、ハワイへ問い合わせたりして、やっと十二月二十三日、喪失と認められた。

さて、日本の潜水艦が敵潜水艦を撃沈したのはこの伊一七六が最後となってしまった。すでに述べた伊一六六（オランダのK16）、伊二五（ソ連のL16）とこの伊一七六の三隻だけが敵潜水艦撃沈の殊勲艦ということになる。「コービナ」のハル番号がSS226であることを考えると、伊二五は別にして、関係する六隻のうち五隻の艦番号の最後の数字が〝六〟であることは不思議な偶然であろうか。

㉗スカルピン（米）／一九四三年十一月十九日

〈駆逐艦「山雲」による〉

「スカルピン」はSクラスに属し、開戦直前の竣工だった。同艦は一九四二年十月～一九四三年八月の間、三隻の日本商船を沈めたが、そのうち一隻は陸軍病院船波の上丸（四七三一総トン、大阪商船）であった。さらに駆逐艦「涼風」を一九四二年二月、セレベス沖で大破させるなどの戦果もあげている。「スカルピン」は一九四三年十一月五日、九回目のパトロールに出撃した。任務は先の「コービナ」と同じであり、ギルバート諸島上陸（タラワ、マキン島）を阻止するため日本艦隊が出撃してきたら、これを迎撃することであった。艦長はフレッド・コナウェイ中佐だった。そのほか第四三潜水隊司令ジョン・P・クロムウェル大佐も乗艦していた。彼は「スカルピン」のほか「シーレーブン」「スペアフィッシュ」「アポゴン」四隻の協同作戦の指揮をとることになっていた。米潜水艦長は初めは少佐級だったが、このころから中佐が艦長となることが多くなる。

しかし、ジョンストン島で燃料を補給して、十一月七日出撃したっきり同艦は帰ってこなかった。

「スカルピン」は十一月十八日の夜、トラック島の北方で、日本艦隊を発見、全速力で接近した。しかし、この日本艦隊はハワイの米太平洋艦隊司令部が期待した連合艦隊ではなかった。戦艦「武蔵」の古賀峯一大将は、タラワ、マキン両島がトラック島からあまりにも遠すぎるので、残り少ない燃料を保つため出撃を断念したのである。両島の守備隊は見殺しにされた格好だが、連合艦隊が無理な出撃をやめた以上やむをえない。したがってこのとき「スカルピン」が発見した日本艦隊はつぎのような全然主力とは別の兵力だったのである。

練習巡洋艦「鹿島」
潜水母艦「長鯨」
駆逐艦「山雲」「若月」

「鹿島」は以前、第四艦隊の旗艦だったが、すでに一九四二年七月、司令部はトラック島に移り、この方面の輸送に投入されていたが、まもなく内地へ帰って呉でのドック入りをひかえていた。「長鯨」も長らくラバウルの第七潜水戦隊旗艦として活躍してきたので、トラック島経由で呉に帰り、ドック入りを予定していた。駆逐艦は二隻とも第十戦隊の所属だった。第十戦隊は名前だけは戦隊だが、第三艦隊に入って空母を直衛するのを主目的とする水雷戦隊であった。「若月」も横須賀でのドック入りを予定していた。

内地へ帰投する四隻は、所属がそれぞれ違うがグループを編成、一九四三年十一月十八日、トラック島を出港した。米太平洋艦隊の無線解読班は「スカルピン」の哨区を日本の重要な艦隊が通る予定と知り、その情報を十一月十六日の夜打電してきた。

出港より一日後の十一月十九日、この部隊はトラック島の北一五四海里にさしかかった。午前六時四十分、第四駆逐隊の「山雲」は左舷八〇〇〇メートルに浮上中の「スカルピン」を発見した。SJレーダーに自信ある米潜水艦は浮上攻撃を試みたが、これがいけなかったのだ。

「スカルピン」はすぐ潜航したが、艦隊の後方にあった「山雲」は取舵をとってこれに向かう。そして二六ノットで走りつつ爆雷三個を投下した。七時三分、さらに三個を投下、三分後には水中聴音を開始する。七時四十三分、「山雲」は右舷斜め前方二四〇〇メートルに目標を探知した。九分後、第三次の爆雷攻撃を行なったが、投下量は一〇個である。この攻撃で「スカルピン」は苦しくなったらしく、十一時九分、「山雲」の右舷斜め前方一〇〇〇メートル付近に浮上、脱出を図った。しかし、「スカルピン」はまたもや潜航したので、十一時二十五分、「山雲」は爆雷四個を投下、六分後、続けてもう三個を投下した。この間、残りの艦艇は速力を上げ現場を立ち去った。

二回目の探知を開始して六分後の十一時四十三分、「山雲」は左真横一八五〇メートルに目標を探知する。南西に向かいつつ一〇個の爆雷を投下、これが六回目の攻撃だった。約一時間後の午後十二時四十三分、「山雲」は再度の投射を試み一〇個の爆雷を投下した。十二時五十六分、突如「スカルピン」は右舷前方二〇〇〇メートル付近に浮上した。その潜望鏡はあわれにも彎曲している。午後一時ちょうど、「山雲」は右舷真横の敵潜水艦に対して、一二・七センチ砲の砲撃を開始した。一分後、初弾が命中した。一時二分、二五ミリ機銃も撃ちはじめる。それは「スカルピン」の艦橋付近に命中する。

だが、「スカルピン」も七・六センチ砲と二〇ミリ機銃で反撃してきた。しかし、七・六センチ砲弾は一発も命中しない。二〇ミリ機銃の射手は腕を機銃弾で負傷しつつもなお射撃をやめなかった。

「山雲」の主砲が命中するにつれ、「スカルピン」は船体後部より黒煙を吐きはじめた。一時七分「撃ち方やめ」の号令がかかる。もはや敵は戦闘能力を失って降伏したのだ。一〇分後にはボートを降ろして、捕虜の収容がはじまった。その数四一名。その中の三名は士官だった。「スカルピン」に乗っていたのは八四名だったから、四三名が戦死したことになる。

ところで第四三潜水隊司令クロムウェル大佐は艦に残り、艦と運命をともにした。彼はタラワ、マキン両島の攻撃計画と中部太平洋を哨戒中の米潜水艦の所在を、あまりに多く知りすぎていたからである。一、二週間もすればそれは秘密ではなくなる。しかし、日本側の訊問にあえば口を割ってしまう可能性もある。死を選んでまで情報を守ったクロムウェル大佐は戦死後、名誉勲章が授与された。同じく艦長のコナウェイ中佐も生存者の中にはいなかった。

「山雲」は四一名の捕虜をひとまずトラック島へ連行していった。ここでは一人の日本軍少将が生存者たちにきびしい訊問を行ない、答えないと激しく殴られたという。ブラウン少尉もその一人だった。ほかの米水兵たちは「山雲」を駆逐艦「横浜」（実在せず）と教えられたという。彼らは一〇日間の訊問ののち、トラック島から神奈川県の大船収容所に送られることとなる。

「スカルピン」の生存者四一名は護衛空母「沖鷹」に二〇名、残り二一名が「雲鷹」に乗せられた。これが運命の別れ道であった。「沖鷹」は一九四三年十二月四日、内地へ帰る途中、米潜水艦「セイルフィッシュ」に撃沈され、捕虜は死亡してしまう。

「スカルピン」の生存者二一名はのち東京の大森収容所に移され、戦後、救出された。生存者たちの収容所における苦労は、太平洋潜水艦隊司令長官チャールズ・A・ロックウッド中将の『Sink 'Em All』にくわしい。

＊

一九四三年の対潜戦闘は、日本海軍にとっても米潜水艦部隊にとっても、前年のような小競り合いと異なって、お互いに熾烈な戦闘の様相を呈してきた。一九四三年に就役した米潜水艦は六六隻に達し、同年末に太平洋方面で就役中の米潜水艦は七五隻を数え、潜水母艦も新たに二隻が就役、合計六隻が任務に就いていた。同年二月には、新たにトルベックスを炸薬とした実用頭部が採用され、六月には磁気信管の不良に対処して、衝撃信管の使用がはじまり、じつに隻数の増大とレーダーの完備により、夜間の浮上攻撃と狼群戦法が広く採用されるにいたった。

米潜水艦が一九四三年三月～十二月の一〇ヵ月間に撃沈した日本船舶は二七九隻、一二四万一三一九総トンと、開戦以来一五ヵ月の同実績、一六八隻、七一万七七〇八総トンを大きく上回った。

もちろん、日本側も黙って指をくわえていたわけではなく、一九四三年中に合計一五隻の米潜水艦を葬り去った。これは前年の倍のスコアであった。米潜水艦は一九四三年中に合計一七隻が喪失したが、このうち二隻は大西洋での喪失であり、対日戦関係は上記のように一五隻ということになる。ちなみに、当時、大西洋方面などではドイツのUボートがほぼこの五倍の喪失数を示し、日本海軍の潜水艦喪失数もこの年は二二隻であったから、一七隻という数字はけっして少ない数字ではなく、米潜水艦の損害も深刻に受け止められていた。

喪失した一五隻のうち、七隻は真珠湾を基地とする太平洋艦隊に属し、八隻はオーストラリアを基地とする南西太平洋艦隊に属していた。一五隻のうち、何名かの生存者があったのは三隻に過ぎず、他の一三隻は八〇名前後の乗員全員が戦死しているのも、潜水艦の悲惨な点であった。

日本側もかなり執拗な攻撃をくり返すようになったが、最初の探知は航空機からの発見に頼る率が大きく、また、油などの漏洩から発見するケースも多く、いわゆる、水上艦艇が潜航中の敵潜を探知捕捉して、攻撃撃沈するといったケースはまれで、まだまだ探知能力の低さが問題であった。

㉘カペリン（米）／一九四三年十一月二十三日

〈水偵、敷設艦「若鷹」による〉

日本海軍による二八隻目の獲物は「カペリン」であった。同艦は一九四三年六月に就役したばかりのガトー級の一隻であり、これまでの戦果は同年十一月、ボルネオ沖で玉井商船の国玉丸（三一二七総トン）を沈めただけであった。しかし、この一回目のパトロールは司令塔ハッチの故障のため一七日で打ち切られて帰投、これが二回目の出撃だった。

「カペリン」はオーストラリア西岸フリーマントルを出港、途中、北岸のポートダーウィンに寄港したのち、一九四三年十一月十七日、モルッカ海およびセレベス海に向かって出撃した。

第二南遣艦隊、第二十五根拠地隊（現インドネシア領アンボン所在）の敷設艦「若鷹」はフイリピン上陸やラバウル方面で活躍したのち、一九四三年十月二十五日、アンボンに入港、以降、ニューギニア北岸のマノクワリやカウなどへの船団護衛に従事していた。

十一月二十三日——「カペリン」の出撃より六日後——「若鷹」は蘭印ハルマヘラ島の西（セレベス島の北東方）にさしかかった。船団の上空には第九三四航空隊の水上偵察機が警戒中だった。第九三四航空隊は一九四二年六月に編成されたものであり、同年十一月、ボルネオからアンボンに進出している。二式水上戦闘機と水上偵察機よりなる小兵力だった。

二十三日午前九時三分、上空の水偵が敵潜を発見、急降下しつつ六〇キロ九九式対潜爆弾二発を投下した。同機は「若鷹」を現場に誘導して来たが、同艦も「カペリン」を右斜め前方二五〇〇メートルの距離に探知した。

「若鷹」は敷設艦だが、防潜網や機雷を敷設しないときには機雷庫に爆雷をギッシリと搭載していた。九時八分、「若鷹」は一一個の爆雷を投下、同二十三分には四個を投下、さらに一〇分後にもう四個を投下した。このとき四発目の爆発で異様な黒い水柱が盛り上がり、その中心点から半径五〇〇メートルにわたって油がひろがり、木片やコルクも発見された。

なお付近にいた陸軍の舟艇も救命筏一個を発見している。これが「カペリン」の最期と思われており、艦長E・E・マーシャル少佐以下全員が戦死した。これだけの証拠があったにもかかわらず、「若鷹」の報告書をアメリカ側に提出した際、〝攻撃途中で打ち切った〟の一言がなぜか追加されていたため、米戦史部では公式にはこの攻撃での喪失と認めず、一九四三年十二月に機雷の犠牲となったものと報告している。

一九四四年（昭和十九年）

一九四四年に入り早々、二九隻目の戦果があがった。米潜水艦は、このときまでに二六隻を失っていたが、その一部は大西洋や事故によるものもあるので、日本海軍の手により撃沈されたのはちょうど二〇隻目となる。

㉙スコーピオン（米）／一九四四年一月〜二月？

〈黄海で機雷？による〉

米潜水艦「スコーピオン」はマスプロのガトー級の一隻で一九四二年十月に就役した新鋭艦であった。同艦はこれまでに三回の出撃を行ない、四隻の日本商船を撃沈していた。「スコーピオン」は一九四三年十二月二十九日、ハワイを出港、途中、ミッドウェー島で燃料を補給して四回目のパトロールに出撃した。翌年一月五日の朝、僚艦「ヘリング」は「スコーピオン」とランデブーしたが、それ以降消息を断ってしまった。「スコーピオン」に割りあてられた哨区は黄海であった。

これより前、一九四三年に入ると満州から内地へ大豆、コーリャン、旅客を運ぶ船舶が黄海方面で敵潜水艦に狙われはじめた。そこで海軍は黄海に機雷原を敷設して、米潜水艦の侵入を防ぐことになった。それは朝鮮半島の南西端から南西に向け全長一五八海里という長大のもので、機雷は二列に並べられた。これは大規模な機雷原で、東シナ海、対馬海峡、三陸沖に敷設されたものとともに、対潜防御用機雷原の最初をなすものであった。

命令は一九四三年五月二十一日、軍令部総長永野修身大将によって発令され、直接の作業責任者は鎮海警備司令官後藤英次中将であった。使用機雷個数は約六〇〇〇個、おそらく最も標準的な九三式係維触角機雷であったろう。英ビッカース社のものを参考に国産、一九三三年（昭和八年）に制式採用となった古典的な型だ。ところが、鎮海警備府には特設駆潜艇や特設掃海艇があるだけで、本格的敷設艦がない。といって本物の敷設艦は南方各方面で船団護衛などに使用中だ。そのため軍令部では左記のように、あちこちの部隊に命令して、特設敷設艦三隻を一時的に本作戦のため鎮海警備府に編入した。

西貢（サイゴン）丸（五三五〇総トン、大阪商船）、新興丸（六四七九総トン、橋本汽船）、高栄丸（六七七四総トン、高千穂汽船）の三隻であった。

正規の敷設艦が四～六条の敷設軌条をもつのに対し、これらの特設敷設艦は二条と少なかったが、本来が貨物船のため、機雷搭載数は多かった。すなわち、新興丸、高栄丸はそれぞれ約七〇〇個の機雷を搭載できた。また西貢丸は、もともと特設巡洋艦であったが、機雷五〇〇個を搭載することができた。このうち、高栄丸はのち第十八戦隊に入って敷設艦「常磐」と行動をともにし、戦後も日本経済のため活躍する。

もちろん日本側にはこの機雷原について告示が出され、誤って触れることのないよう注意された。浅深度に機雷六〇〇〇個が敷設されたといっても非常に密度が薄く、米潜水艦は知らずに何度もここを通過したらしく、危険率はせいぜい一〇パーセント程度だったといわれている。

ところが、この一〇パーセントの危険性に「スコーピオン」はひっかかってしまったのだ。つまり「スコーピオン」は一月六日以後消息を断ち、二月二十四日まで待っても連絡がなかったことからこの機雷に触れて沈没したものと推定されている。艦長M・G・シュミット中佐以下七六名全員が行方不明となった。

㉚グレイバック（米）／一九四四年二月二十六日

〈九七艦攻による〉

米潜水艦「グレイバック」はガトー級より一年古いT級一二隻中の一隻だった。同艦はこれまでの九回の出撃で日本艦船を一〇隻、四万二三〇〇総トンも沈めており、この中には潜水艦伊一八（一九四三年二月二日）、駆逐艦「沼風」（同十二月十九日）の二隻も含まれていた。「グレイバック」は米潜水艦中、隻数で二四位、合計トン数で二〇位というスコアをあげた準エース級の潜水艦だった。

同艦は一九四四年一月二十八日、ハワイを出撃、途中ミッドウェーに寄り、二月三日同地を出撃、これが一〇回目のパトロールであった。「グレイバック」は上海の南方、浙江省の東岸、東シナ海などで日本商船狩りをするよう命ぜられていた。哨区についた同艦は二月二十三日、第一次戦標タンカー南邦丸（一万三三総トン、飯野海運）を東シナ海で撃沈した。三日後の二月二十七日、「グレイバック」はタモ〇五船団に遭遇した。タモとは、台湾の高雄から門司へ向かう船団という意味である。船団構成船はつぎのとおりであった。日邦丸（六〇七九総トン、もとスウェーデン船ニンボー）、さんるいす丸（七二六八総トン、三菱汽船）、千早丸（同名船多く詳細不明）、銀蘭丸（四九〇三総トン、日本郵船）、その他五隻。その護衛部隊として第三十八哨戒艇（旧駆逐艦「蓬」）、特設砲艦白山丸、特設掃海艇第七玉丸（二七五総トン、西大洋漁業）の各艦であった。

このうち銀蘭丸には、パラオ産のボーキサイトや食糧の缶詰三〇〇トンが積まれていたという。二月二十七日、高雄を出たタモ〇五船団は風速一二メートルを越える時化にあい、小型船二隻が途中から引き返した。

二月二十七日、「グレイバック」は銀蘭丸を撃沈した。そこで沖縄基地航空隊では船団上空の対潜警戒を行なうため九七艦攻を派遣した。沖縄基地航空隊は那覇に近い小禄にあり、一九四二年六月から対潜哨戒のため九七艦攻が進出していたのである。飛来した艦攻は浮上中の敵潜水艦を発見、これを爆撃、二五〇キロ爆弾を命中させた。さらに水上艦艇も爆雷攻撃を実施、気泡がわき上がって来るとともに、重油がひろがって来た。この潜水艦が「グレイバック」であったことはほぼ間違いない事実である。今まで述べた対潜戦闘では、九四式水上偵察機は九九式六〇キロ対潜爆弾を投下することが多かったが、今回は二五〇キロ対潜爆弾であったから、その威力も大きく、致命傷となったものであろう。

「グレイバック」は艦長ジョン・A・ムアー中佐以下八〇名全員が戦死した。

ところでロスコー著『US Submarine Operation in World War II』によると、「グレイバックは二月二十七日(日本側記録は二月二十六日)、a carrier plane(空母機一機)により撃沈さる」とある。当時空母「瑞鶴」がこの方面に行動中だったので、筆者は一九七三年、ある航空雑誌に「瑞鶴の搭載機による撃沈の可能性が強い」と書いたことがあったが、しかし現在考えてみると、ここでCarrier planeといっているのは「空母搭載機」を指すのではなく、当時、米軍側の翻訳者が日本側の報告にあった九七艦攻を、勝手に空母搭載機と誤訳したためと思われ、ここに訂正するしだいである。

㉛トラウト(米)/一九四四年二月二十九日

〈駆逐艦「朝霜」による〉

一九四四年二月は、「スコーピオン」「グレイバック」に続いて、「トラウト」も撃沈するという好調な月だった。「トラウト」は「グレイバック」と同型のT級の一艦で、同艦はこれまで一〇回の出撃で一〇隻、約三万総トンの日本艦船を沈めていたが、その中には一九四三年九月二十三日に沈めた潜水艦伊一八二も含まれているベテランだった。

さて一九四四年に入ると、戦局の悪化とともにマリアナ諸島の防衛が叫ばれるようになり、その一つとして満州にいた第二十九師団(グアム島に一人でひそんでいた横井庄一伍長がいた部隊)を送ることになった。マリアナ諸島強化のための満州からの兵員輸送は、とくに松輸送と称し、優秀船や有力な護衛部隊がさかれて数次にわたって行なわれた。一九四四年二月、朝鮮を経由、広島の宇品を二十六日に出港した船団はつぎのとおりであった。

安芸丸（一万一四〇九総トン、日本郵船）、東山丸（八六六六総トン、大阪商船）、崎戸丸（九二四七総トン、日本郵船）。これに護衛部隊として、第二水雷戦隊第三十一駆逐隊の「朝霜」「岸波」「沖波」がついた。

「岸波」「沖波」は新造艦のため、訓練部隊たる第十一水雷戦隊より出てきたばかりである。三隻の商船は当時としてはいずれも高速の優秀船であった。船団は二月二十八日の夕方、九州南端の佐多岬を過ぎて南下する。一方、米潜水艦「トラウト」は二月八日、ハワイを出てミッドウェーで燃料を補給したのち、二月十六日、同地を出撃した。一一回目のパトロールである。

二月二十九日の午前二時四十六分、「朝霜」は左舷斜め後方に敵潜らしきものを22号電探により発見、距離五八〇〇メートルであった。22号電探はまだ不完全だったけれど今回は役に立ったのである。九分後、右舷に同航しつつ五九〇〇メートルの距離で探照灯の照射とともに「朝霜」は一二・七センチ砲の射撃を開始した。五分間の砲撃で一五発を撃つ間に、敵潜は潜航してしまった。これを「朝霜」は沈没と誤認して、それでも深度一五〇メートルにセットした二式爆雷を潜没位置に九発投下、午前六時四十五分まで制圧につとめた。その後、敵潜の姿はなく、「朝霜」は安心したが、これがいけなかったのだ。

「朝霜」はこの戦闘で船団から離れたため、速力を上げて船団に復帰した。しかしこのときの敵潜「トラウト」は、先ほどの砲撃で沈んだのではなかった。「朝霜」をまいた「トラウト」は、しつこく船団をつけてきたのだった。一〇時間も経過した午後五時五十三分、「朝霜」は左舷斜め前方二五〇〇メートルほどから魚雷三本が発射されたのに気づいた。二本は崎戸丸に命中、これを撃沈、残りの一本は安芸丸を航行不能にする。沖縄の南方、大東島の南二〇〇キロの洋上だ。崎戸丸は二二〇〇もの戦死者をだしたが、歩兵第十八連隊の軍旗はどうにか「岸波」に移された。

前回の「朝霜」の砲撃にこりた「トラウト」は、今度は潜航したまま攻撃をしかけてきた。魚雷発見より二分後、「朝霜」は左舷真横一二〇〇メートルに潜望鏡を発見した。一分後、その頭上に爆雷を投下する。午後五時五十七分、深度六〇メートルにセットした爆雷一二個を投下した。戦争初期の九五式爆雷は二〇、または六〇メートルのどちらかに信管を調節できたが、これを改良した二式爆雷（昭和十七年制式採用）は九〇、一一〇、一五〇メートルにセットすることができた。二式爆雷はこの頃ようやく部隊に配備されかけていたのだった。「朝霜」は九三式水中探信儀を用いて探知を開始した。午後六時、反響のあった海中に対して七個の爆雷を投下する。こんどは九〇、一二〇メートルの二種にセットされていた。すると海面におびただしい重油が噴出してきた。午後六時十六分、「朝霜」は海中の誘爆音を聞き、二分後、爆雷一個を念のため投下する。六時二十五分、再度水中探信儀を作動させたが、反応はまったくなかった。これが「トラウト」の最期と思われた。艦長A・H・クラーク少佐以下八一名全員が戦死した。

一時間後、魚雷の航跡らしいものを発見して「朝霜」は驚いたが、これは「岸波」の航跡を闇夜に見誤ったものと判明した。八ノットまで速力を回復した安芸丸は、「沖波」につきそわれて近くのグアム島へ向かった。

第二十九師団は多大の犠牲を出したけれど、その仇討ちは「朝霜」によってなされたのである。他の協力なしに水雷戦隊の駆逐艦があげた戦果としては「シャーク」「パーチ」「スカルピン」に続く四隻目のものであった。しかし以後、駆逐艦のみによる戦果はこれが最後となるのであった。

＊

開戦以来、日本海軍はオランダとアメリカの潜水艦を相手にしてきたが、一九四三年に入ると英潜水艦が、蘭印方面に出没するようになった。以来、英潜水艦に損傷を負わせたことはあったが、撃沈艦はなく、ようやく一九四四年三月にいたって、初めての英潜水艦を仕止めたのであった。これは当時としては多数の撃沈報告があったため、とくに英潜と判別する手段もなく、その認識はなかったのは致し方なかった。

なお、このときまでに英潜水艦はインド洋やマラッカ海峡で日本海軍の潜水艦伊三四、軽巡「球磨」をはじめ、八重丸（六七八〇総トン、国際汽船）以下、数隻の商船を撃沈したり、一九四四年一月二十七日、シンガポールからアンダマン諸島へ輸送中の軽巡「北上」を雷撃、損傷させたのも英潜水艦「テムプラー」であった。かくして、日本海軍による三二番目の対潜スコアは英潜水艦であったのである。

㉜ストンヘンジ（英）／一九四四年三月？
〈水上艦艇または九七艦攻による〉

セイロン島ツリンコマリーには英海軍の潜水艦T級六隻とS級一隻よりなる第四潜水戦隊があった。司令アイオニデス大佐は潜水母艦「アダマント」に将旗を掲げていた。その後、一九四四年二月に潜水母艦「メドストン」が第八潜水戦隊（司令シェードウェル大佐）を率いて応援に到着した。イタリアが前年の九月に降伏したので、地中海から回航してきたのであった。三月になって、一部隊はT級七隻とS級五隻を数えていたが、このとき編成変えがおこなわれ、第八潜水戦隊はS級五隻、第四潜水戦隊はT級七隻となった。

だがその直前、このうちのS級の「ストンヘンジ」は帰らぬ艦となってしまったのである。「ストンヘンジ」は一回目の出撃でも危険な目にあっていた。それは一九四四年二月十二日、マレー半島西岸ペナンの北西で第十特別根拠地隊（第一南遣艦隊）の特設駆潜艇長江丸、および第十一駆潜隊の8号駆潜艇（第二南遣艦隊、第二十三特別根拠地隊）の二隻を相手に戦ったときである。長江丸の爆雷攻撃で、苦しくなって浮上した「ストンヘンジ」は午後九時四十三分、駆潜艇8号に発見され、機銃弾を受けた。追いつめられた「ストンヘンジ」は、魚雷二本を長江丸に命中させてこれを撃沈、危機を脱したのだった。

二回目の出撃は、一回目の出撃から一三日後の二月二十五日のことであった。艦長バースコイル・キャンベル少佐は、スマトラの北岸を行動するように命ぜられていたが、同艦は出撃以降、消息を断ってしまった。「ストンヘンジ」の最期は明らかでないが、可能性としてはつぎの二つが考えられており、そのうちいずれかであろうと推定されるが、もちろん確かではない。

第一は第九根拠地隊（ペナン）の特設駆潜艇第17昭南丸（三五〇総トン、日本水産）の戦闘記録である。同艇は三月十五日、マラッカ海峡で浮上中の敵潜水艦を発見した。そして三回にわたって爆雷計二二個を投下、掃海艇7号（第一南遣艦隊、第十根拠地隊、シンガポール）、および同8号の協力によってこれを撃沈したという報告である。

第二は第七〇五航空隊の九七艦攻一機が、三月二十日、マラッカ海峡で潜水艦一隻を撃沈と報告していることである。

トラック島の日本基地が米空母機の奇襲をうけたとき、第七〇五航空隊（元第十三航空艦隊所属）の一式陸攻は同夜、ただちに反撃のためにペリリュー島へ進出してしまったため、その穴を埋めるために第五五一航空隊の九七艦攻の一部（六機）が新しい第七〇五航空隊として、二月二十日以降マラッカ海峡の対潜哨戒についていたのであった。スマトラのサバンナを基地として、ようやく対潜哨戒になれた一ヵ月後のことである。第七〇五航空隊戦時日誌によれば、二月と四月には何の記事もないが、三月の項には、対潜作戦三回有効と認む、と記録されている。

一九八七年（昭和六十二年）十二月、英人アラン・ケスリー氏と文通した結果、彼が英ゴスポート潜水学校の史料課に問い合わせたところ、第十七昭南丸が三月十五日に攻撃したのは、別の英潜水艦「ストイック」である可能性があり、「ストンヘンジ」を撃沈したのは第七〇五航空隊機である確率が高いという。

つまり第七〇五航空隊の九七艦攻のうち、数機はアンダマン諸島（インド洋上）のポートブレアーに派遣された。そのうち三月十九日に四機が対潜哨戒中、一機が敵潜水艦を攻撃、翌二十日にも七機のうち一機が爆撃している（「第七〇五航空隊戦時日誌」防衛庁戦史室）。精細は不明であるが、「ストンヘンジ」の位置から計算して三月二十日、マラッカ海峡撃沈説が強い。

㉝タリビー（米）／一九四四年三月二十六日

〈自分の魚雷による〉

米潜水艦「タリビー」は、自分の発射した魚雷が命中するという奇妙な最期をとげた艦で、こんな例は珍しいが、後に「タング」が同じ原因で沈没している。「タリビー」はガトー級（一五二五トン）の一隻であった。当時、艦齢一年余りの新鋭艦で、戦果もまだ少なく日本商船三隻（計一万五五〇〇総トン）を沈めただけであった。「タリビー」は四回目のパトロールに一九四四年三月五日、真珠湾を出港した。途中、例によってミッドウェー島で燃料を補給、三月十四日、同地を出撃しパラオ島の北方の哨区へ向かった。これは三月三十日に米五八機動部隊がパラオを空襲する予定だったので、不時着水するパイロットたちを救出するよう命令を受けていたのであった。「タリビー」は三月二十五日、受け持ちの哨区に到着した。

日本陸軍の第三十一軍は、内南洋の防衛を強化しようとしていた。そこで満州の関東軍の各部隊から少しずつ兵力を引き抜き、南方へ送ることになった。そのうちの一つが第七巡遣隊であった。彼らは歩兵二個大隊、七五ミリ野砲、九一式一〇センチ榴弾砲計一二門、工兵一個中隊からなっており、マリアナ諸島のメレヨン島に上陸して第五十旅団となる予定であった。彼らの船団は西松二号船団と呼ばれ、その編成はつぎのとおりであった。

松江丸（七〇六一総トン、日本郵船）

はんぶるぐ丸（五二七一総トン、大阪商船）

忠洋丸（一九四一総トン、東洋汽船）

二等駆逐艦「若竹」

哨戒艇38号（元駆逐艦「蓬」）

敷設艇「前島」（高雄より参加）

西松二号船団はモタ（門司～高雄間）〇九船団（七隻）に加わって一九四四年三月八日、門司を出港し、七日後、台湾の高雄に入港した。同地でタパ（高雄～パラオ間）〇六船団となり、三月二十日、高雄からはパラオへ向かった。三月二十六日の夜、もう少しでパラオに入港というとき、「タリビー」はSJレーダーによりこの船団をキャッチした。

激しい雨のため浮上したまま、二回ほど接近したけれど、「タリビー」は二回とも急に視界が悪くなったため、魚雷発射のチャンスを失ってしまった。「タリビー」は三度目の接近でやっと艦首発射管から二本の魚雷を発射した。距離二七〇〇メートルである。ところが発射一分半後、一本の魚雷が大きく円を描いて、何と「タリビー」自身に命中してしまったのである。操舵装置が故障していたのだ。「タリビー」では艦橋にいた二、三名の者が爆発のショックで艦外に放り出されたが、ほとんどは艦とともに沈んでしまう。護衛の艦が暗夜の海面に機銃掃射をしたが、これといった有効な攻撃をしていないのに、突然、爆発をして敵潜水艦が沈んだのだから、日本側も大いに驚いた。

一二・七センチ砲の装塡手クイケンダールは艦橋で見張りを務めていたが、彼も爆発により海上に投げ出され、意識を失って海上に漂っていた一人だった。彼は二等駆逐艦「若竹」に救助されたただ一人の生存者だった。「若竹」が「捕虜一名あり」と通信すると、船団の陸軍将兵は声を上げて喜んだという。船団はこの間、無事にパラオに入港した。クイケンダールはのちに神奈川県大船の収容所に移され、終戦後解放された。

「タリビー」の沈没は厳密には日本海軍の対潜スコアに入れるべきものではなく、事故というべきものだが、戦闘中の事故だから一応ここに紹介してみた。艦長チャールス・プリンダク中佐以下七九名が戦死した。

㉞ガジョン（米）／一九四四年四月十八日
〈九六陸攻により〉


「ガジョン」はT級（一四七五トン）に属する艦である。同艦はこれまでに潜水艦伊一七三、海防艦「若宮」を含む一二隻、七万一〇〇〇総トンの艦船を撃沈した強者で、大統領から感謝状を授与されていた。ミッドウェー海戦のときには島の最北部の哨区にあって、日本艦隊を待ち伏せしたこともあった。

さて一九四四年四月四日、「ガジョン」はハワイを出港、北部のマリアナ諸島の哨区に向かった。これが一二回目のパトロールである。ミッドウェーのかわりに、手前のジョンストン島で燃料を補給し、四月七日同地を出撃した。

当時、日本海軍はマリアナ諸島の防衛を強化するため、陸軍兵士を乗せた東松船団を続々と南下させていた。そのためマリアナ方面の航空隊は対潜哨戒に余念がなかった。とくに東松四号船団は商船二六隻、護衛は海防艦六隻、駆逐艦二隻、その他二隻という堂々たる大船団であり、サイパンへ向かう九七式中戦車も搭載されていた。

　さて日本海軍には第九〇一航空隊という変わった航空隊が、一九四三年十二月十五日、千葉の館山で開隊されていた。これは海上護衛総隊に所属し、九六式陸上攻撃機や九七式飛行艇で対潜哨戒を行なう部隊であった。マニラ、サイゴン、硫黄島、台湾の東港、沖縄の小禄、九州の大村などの航路ぞいに数機ずつの兵力を配置していた。司令の上出俊二中佐は兵力の一部、つまり九六陸攻六機を硫黄島へ派遣し、東松船団の通過に合わせて対潜哨戒飛行を命じた。

　この硫黄島派遣隊の九六陸攻一機が四月十八日、硫黄島の南東一六六海里の海上で浮上中の敵潜を発見した。あわてて潜航する同艦に対し爆撃を加え、一発は艦首に命中、二発目は艦橋を直撃した。船体の中央がパックリと口を開け、重油の柱がもり上がった。ただ、この記録が終戦直後、アメリカに提出されたとき、日本側の翻訳者が、〝ユォー島 Yuoh〟と書いたため、米軍は英語でも日本語でもこんな島はないからと、この記録を無視してしまったのである。もちろん、〝Iwo Jima〟のことである。記録によると潜没直後の潜水艦は大爆発をおこして轟沈したらしい。これが「ガジョン」の最期であったらしく、艦長ロバート・A・ボーニン少佐以下七八名全員が戦死した。

㉟ヘリング（米）／一九四四年五月三十一日
〈松輪島の砲台による〉

　一九四二年五月に就役したガトー級の一隻「ヘリング」の最期は変わっている。というのも、陸上砲台からの砲撃で沈められたからだ。さて「ヘリング」は就役後、大西洋艦隊に属していて、北フランスのビスケー湾で、一九四三年三月にドイツのU21を沈めたこともあった。その後、大西洋の戦いが一段落したので、その秋には太平洋へ回航されて来た。これまでの戦果は五隻、約二万総トンを沈めていた。その中には航空機運送船名古屋丸（六〇七一総トン、南洋海運）も含まれている。

ハワイを基地とする「ヘリング」だったが、五月十六日、八回目のパトロールに出撃したときの目的地は北方水域だった。五月二十一日、前進基地ミッドウェーを出撃した「ヘリング」は三十一日の午後、千島列島付近で僚艦「バーブ」とランデブーした。この方面には、「バーブ」と「ヘリング」の二隻しかいなかったから、チームを組んで日本の船団を攻撃しようというのである。

さて札幌に司令部を置く第五方面軍（達兵団）は、北千島の松輪島の防衛を強化しようと試みた。松輪島は以前、無人島で樹木もない孤島だったが、陸軍の千島第二守備隊が配置され、海軍も砲台を築いていた。すでに一九四三年六月、歩兵三個中隊が敵の上陸に備えて派遣されていたが、同島は七月十五日の夕方、米潜水艦「ノーチラス」から一五センチ砲弾三一発を浴びせられる始末だった。「ノーチラス」は海軍が九九艦爆一個中隊用として建設した飛行場を狙ってきたのだが、飛行場そのものは大した被害はなかった。もちろん海軍砲台と陸軍の野戦高射砲が応戦したが、「ノーチラス」はゆうゆうと離脱して行った。

これ以来、米潜水艦はすっかり松輪島の防備隊を甘く見て、たびたび砲撃を加えて来た。この慢心が「ヘリング」の喪失につながるのだった。

一一ヵ月後の一九四四年五月、同島の防衛強化のため、つぎの三隻の船が北海道から陸軍将兵を乗せて出港した。
日振丸（四三六六総トン、山下汽船）
岩木丸（三一二四総トン、大阪商船）
海防艦「石垣」（大湊警備府所属）
日振丸には迫撃砲第十五大隊が乗船していた。海防艦「石垣」は九ヵ月前、米潜水艦S44を砲撃で撃沈した殊勲艦である。ところが、船団がもう少しで目的地に着くという五月三十一日、松輪島の西方で「ヘリング」は「石垣」を一撃の下に撃沈する。S44の仇は「ヘリング」によって討たれたのである。「石垣」は艦長以下一六七名全員が行方不明となった。（その後一名が米潜水艦「バーブ」の捕虜となっている）。護衛艦が真っ先に沈められたため二隻の商船は狼狽する。そしてあわてて松輪島に逃げ込んだ。岸壁がないから沖に投錨だ。しかも防潜網などの防備施設はない。船上の陸軍将兵はただちに上陸を開始した。「ヘリング」はゆっくりと二隻の貨物船の料理にとりかかった。午前七時四十二分、二本の魚雷が一隻に命中、他の一隻もすでに魚雷が当たって後部から沈んで行った。
そのとき、「ヘリング」は商船と陸地との間に大胆にも浮上してきた。しかし、タガン岬に接触、損傷したらしく島の浅瀬方向に進んできた。陸軍の砲台が砲撃を開始、陸軍も機銃掃射を始めた。カンカンと命中する音が聞こえた。七時五十六分、司令塔に二発の命中弾が確認され、そして幅五メートルにわたって水泡が見られた。しかし「ヘリング」は濃霧にかくれ、姿を消してしまった。
日本側の記録はこれで終わっている。つまり「ヘリング」に損傷を与えたが、取り逃がしてしまったと報告された。ところが「ヘリング」はそのまま行方不明となったのだ。砲撃による損傷が原因で、無電を発する間さえなく、その場に沈没してしまったのである。日本海軍の対潜スコア中、三五番目にして初めて陸上砲台が潜水艦を撃沈したのであった。潜水艦「ヘリング」は艦長D・ザブリスキー・ジュニア中佐以下、全員が行方不明となってしまった。潜水艦はいつでも潜航して姿をかくすことができるため、かえって油断して砲台に撃たれ、撃沈されるという例は他国にもあり、ドイツのU78が、一九四五年四月に、ソ連の砲台より撃たれて沈んでいる。

㊱ゴレット（米）／一九四四年六月十四日〜十八日？

〈機雷または特設監視艇〉

米潜水艦「ゴレット」はきわめて影の薄い艦だった。一九四三年八月に進水したガトー級量産艦の一隻で、ハワイを基地とする太平洋艦隊に属していた。「ゴレット」は一隻も日本艦船を沈めたことがないうちに沈められてしまうが、同艦のような潜水艦ばかりだと日本商船も楽なのだが。

さて、同艦は一九四四年五月二十八日、ミッドウェーを出撃した。二回目のパトロールである。今回、「ゴレット」の哨区は本州の東北三陸沖であった。ところが「ゴレット」はそれっきり消息を断ってしまった。同艦は七月五日まで哨区に留まり、九日にはハワイへパトロール内容を打電することになっていたが、いくら待っても通信は入らなかった。「ゴレット」の最期についてはつぎのように推測されている。

一九四四年六月十四日、東洋海運の相模川丸（六八八六総トン）は、本土の東北岸を航海していた。同船は青森県八戸の北方で、「ゴレット」と思われる潜水艦に襲撃された。しかし、相模川丸の沈没は翌年であるため、このとき魚雷は命中しなかったか、命中しても損傷にとどまったものと思われた。

ただちに大湊防備部隊、北三陸部隊、大湊航空隊の三者が協同してこの敵潜を探知、追跡した。これらの部隊兵力は、特設駆潜艇六隻、第二十七特設掃海隊、特設監視艇四隻を中心としたもので、大湊航空隊は水上偵察機一六機、その他の哨戒機一六機を定数としていた。哨戒機はおそらく九七式艦攻か九六陸攻であろう。

三陸沖はかねてより米潜水艦の出没がはげしかったので、一九四二年の十月以来、青森県下北半島の尻矢崎に九三式機雷原が敷設された。それは呉鎮守府から編入した盤谷丸（五三五一総トン、大阪商船）を用いて敷設したものであり、白糖灯台の北東七・七海里に九三式機雷二〇〇個よりなる機雷原があった。「ゴレット」はこの機雷原に、先の小艦隊や水上偵察機に追われ接近していた。

米太平洋艦隊の潜水艦部隊司令部は、日本の本州東岸を哨区とした潜水艦が三隻（すでにのべた「ピッケレル」「ランナー」「ポンパノゥ」）も未帰還であることに不審をいだいていた。そのころ米海軍無電暗号解読班は、日本海軍が日本の商船に対して、津軽海峡の太平洋岸出入り口付近の海域を航行制限しているのをキャッチした。そのため機雷原の存在に気がつき、機雷部隊司令部はE・M・ブレア大尉を指揮官とする調査班を編成、日本本土沿岸の機雷原の調査を命じた。

その結果、日本海軍は水深四五〇メートルといったところにさえ、機雷を敷設していることがわかった。しかも日本海軍は三〇〇〇個以上の機雷をもって、以前に敷設した機雷原を補強していたこともわかった。しかし、この通告は出撃している何隻かの潜水艦には間に合わず、一九四四年には三隻の潜水艦が機雷で失われ、他の二隻の喪失原因も機雷によるものと見られている。「ゴレット」もこの種の対潜機雷原と掃討部隊の協力により失われたものの一隻と見られている。

やがて日本海軍の艦艇は敵潜水艦を追い回した付近で、コルクやイカダの破片を発見した。さらに長さ五二〇〇メートルにわたり幅五〇メートルの油の帯が海面に流れているのを発見した。「ゴレット」が致命的打撃を受けた証拠であろうと思われた。

ところが、四日後の六月十八日午前七時、同じ北三陸部隊の特設監視艇宮丸（八一総トン、宮城県大浜漁業組合）は、物見崎の南西一〇キロに南へ向かって長さ二キロにわたる幅一〇〇メートルの油帯を発見した。これは四日前の油帯の残りか、あるいは損傷した「ゴレット」が潜航しながら流したものなのか、はっきりしなかった。大湊航空隊の水上偵察機が午前八時三十分、宮丸の報告を受けて飛来し、爆弾三発を現場に投下した。一九分後、宮丸も爆雷を投下した。二時間後の十一時に、水偵は幅一〇メートル、長さ二〇〇メートルで油が再び流れ出ているのを発見した。

そこでさらに二時間後の一時、宮丸は再度爆雷を投下した。宮丸の爆雷攻撃で直径二メートルの気泡が生じ、油がひろがって来た。しかし、本当にこの下に傷ついた「ゴレット」がいたのかどうかは不明だった。

同じ部隊の特設駆潜艇文山丸（九七総トン、日本海洋漁業）が応援に駆けつけた。同船は日華事変の昭和十四年六月に徴用された船で、両船ともちょうど一年前、やはり津軽海峡の東方で米潜水艦「ランナー」を撃沈した功績を誇っていた。

文山丸は午後三時五十分、爆雷を投下した。その後、なお監視を続けていると、午後八時十分、幅一〇〇メートルの油が再度湧き上がって来て、油の臭気があたりの海上にただよった。これが「ゴレット」の最期と推定されている。文山丸、宮丸の投下した爆雷は合計一八個であった。

ともかく、「ゴレット」は艦長J・S・クラーク中佐以下八二名全員が行方不明となった。これが機雷による戦果とすれば、これらの機雷が敷設後一年半を経過していながら、対潜機雷原が有効だったことを示すもので、なお太平洋戦争中、この三陸沖では「ピッケレル」「ランナー」「ゴレット」およびのちに述べる「アルバコア」の四隻が失われるわけだが、と同時に、軍艦とは名ばかりの漁船が、特設艦艇が、よく活躍したものと特筆したい。

㊲ロバロ（米）／一九四四年七月二十六日

〈機雷？による〉

日本海軍が三七番目に沈めた米潜水艦は「ロバロ」であった。これもガトー級の一隻であり、オーストラリアを基地とする南西太平洋潜水艦部隊に属していた。そして一九四四年六月二十二日、フリーマントルを出撃し、南シナ海南部のナツナ島付近（シンガポールの東北方）の哨区に七月六日到着、八月二日まで同方面にとどまるよう命令されていた。これが三回目の出撃だった。

同艦の進出コースはマカッサル海峡(ボルネオの西とセレベス間)とバラバク海峡(ボルネオの北とパラワン島の間)を抜けるのだ。途中七月二日、「ロバロ」はボルネオの東方で戦艦「扶桑」を発見した。ビアク島救出の〝渾作戦〟に置いていかれてしまった「扶桑」は、マリアナ沖海戦の終了後、後退を命ぜられ、前日、フィリピンのダバオを出港、「野分」「山雲」「満潮」に護衛されて、ボルネオ東岸のタラカンに入港しようとしていた時のことだった。しかし、「ロバロ」は「扶桑」を攻撃するチャンスには恵まれなかった。ところがこれを報告した以降、「ロバロ」は消息を断ってしまう。

＊

ここで話を三ヵ月ほど前に戻そう。第三南遣艦隊は、フィリピン水域を担当する小兵力で、陸戦隊や駆潜艇、掃海艇、特設艦船よりなるものだった。その司令官、岡新中将は兵学校四〇期(明治四十五年卒業)である。クラスメイトにはミッドウェーで「飛龍」とともに散華した山口多聞、強気な連合艦隊参謀長宇垣纒、特攻の開祖・大西瀧治郎などがいた。

岡中将は、ボルネオの北端とフィリピン南西端パラワン島との間のバラバク海峡が、米潜水艦の通路となっているのに気づいた。そこには一年前の三月からすでに機雷が敷設してあったけれど、彼は機雷原強化の必要性を感じた。たまたま敷設艦「津軽」が一九四三年十二月一日付で第三南遣艦隊に編入になっている。そこで「津軽」に対し、この水域の機雷原を補強するための機雷敷設を命じた。一九四四年三月二十四日、「津軽」はパラオを出港して西進、バラバク海峡で機雷敷設作業を行なったのち、ボルネオのバリクパパンに四月二日、帰投している。この「津軽」の機雷が、やがて二隻の米潜水艦を血祭りに上げるのだ。

それから三ヵ月余りも経過した七月二十六日、「ロバロ」がこの水域にさしかかったのだ。同艦はバラバク水道のやや北西方、パラワン島の西岸二海里を浮上航行中、突如、船体後部に爆発を生じたのである。艦はアッという間に沈没し、士官一名、水兵三名のみが、かろうじてパラワン島に泳ぎ着いた。彼らはすぐ日本軍の捕虜となり、パラワン島プエルト・プリンセサ収容所に入れられてしまった。

日本側はこの潜水艦乗員たちを、潜入したゲリラと思い込んでいた。だが彼らはフィリピン人ゲリラと連絡をとるのに成功、自分たちの氏名や「ロバロ」喪失の件を米軍に報告してくれるよう依頼した。しかし、この四名は一九四四年八月十五日、日本の駆逐艦に乗せられてパラワン島を出たきり、行方不明となっている。

ところでその時の報告では、「ロバロ」は「後部電池室の爆発で沈没した」といわれているが、本当なのだろうか？　潜水艦用の電池は硫酸液の中に鉛の電極を浸したものである。この化学分解の過程で発生するガスが、ディーゼル発電機などのスパークから爆発する可能性はある。

もちろん発電機室や主機メイン・モーター室は、電池室とは離れているけれど、狭い潜水艦の艦内は通気が悪く、密閉されているので爆発は絶対ないともいい切れない。

しかし一回の爆発で、潜水艦を沈没させるほどの威力ある爆発となりうるだろうか？　米海軍の公式記録もこの点に触れて、「機雷に触れた可能性もないわけではない」と、但し書きを付けている。

ともかく、「ロバロ」は艦長マニング・M・キンメル少佐以下八一名が行方不明となっている（日本側に捕虜となった四名を含む）。なお、キンメル少佐は、開戦時の太平洋艦隊司令長官ハズバント・M・キンメル大将の息子であるという。キンメル大将（当時六二歳）は、真珠湾の責任をとらされて解任された不運な長官だった。万一、キンメル少佐が生存して、日本側の捕虜になっていたら大変と、アメリカ側では大将の息子であることを戦後まで秘密にしていた。

㊳フライアー（米）／一九四四年八月十三日
〈機雷による〉

「フライアー」も「ロバロ」と同じ部隊であり、約三週間おくれで、さほど遠くないところで喪失している。同艦も同じくガトー級量産艦であり、艦齢一年にも満たない新造艦だった。それでも「フライアー」は最初の出撃で六月四日、サイパン島から内地に向かっていた白山丸（一万三八〇総トン、日本郵船）を撃沈している。白山丸はかつてヨーロッパ航路についていた大型貨客船だ。

「フライアー」は八月二日、オーストラリア西岸のフリーマントルを出撃、二回目のパトロールに出撃した。その哨区は、フランス領インドシナ、サイゴンの東方だった。「フライアー」の針路は、ロンボク水道（ジャワの東方）を北へ突破してマカッサル海峡へ出て、セレベス海、スル海（フィリピン南西方）を経由するものである。八月十三日午後十時、スル海よりバルバク海峡を東航中、「フライアー」は突然、爆発をおこした。右舷の前部である。

水上を一五ノットで走っているときのことである。艦橋にいた数名は、このショックで海面に投げ出された。爆発から三〇秒もしないで「フライアー」は沈没してしまう。艦長の意見では機雷に触れたのではないかという。

日本海軍が一九四三年三月、ここバラバク海峡に最初に機雷を敷設してから一年三ヵ月が経過している。以降、一ヵ月前、「ロバロ」が触雷するまで計四〇回も、米潜水艦が無事通過している。それなのに、なぜ前回の「ロバロ」と今度の「フライアー」とが続けてここで失われたかが問題となった。さしもの米情報部も「津軽」が三ヵ月前、再度機雷を敷設したのに気づかなかったのだ。「フライアー」の八六名の乗組員のうち、八名は付近の島に泳ぎついたが、やがて米潜水艦「レッドフィン」に八月三十一日の朝、収容された。

数名の生存者がオーストラリアに生還したため、さっそく査問委員会が一九四四年九月に、開催された。調べられたのはオーストラリア方面の米潜水艦隊司令官ラルフ・クリスチー少将およびその参謀たちであり、情報の分析が甘く職務を怠ったため、二隻の潜水艦を失ったという疑惑であった。つまり、日本側が機雷敷設したことを部下に警告しなかった落度である。

日本でも戦艦「陸奥」の爆沈、空母「信濃」の沈没に関して調査委員会が開かれたが、アメリカはこのように潜水艦二隻がほぼ同じ水域で、続いて失われたというだけで、このような査問委員会を設けるのだった。

結局、クリスチー少将とその参謀たちには責任なしと判断され、やっと青天白日の身となったけれど、クリスチー少将が各潜水艦長に対し、以後、ボルネオ～パラワン島間のバラバク海峡の航行を禁じたのはいうまでもなく、代わりにボルネオの南西とスマトラとの間のカリマタ海峡を通ることを通達した。

かくして、一九四四年六月～八月の対潜スコア三隻は、いずれも日本側の機雷がとどめを刺した可能性が強く、といって、あまり自慢のできることではなく、対潜艦艇、航空機による戦果が何もなかったことの方が空おそろしいことだった。

*

一九四四年も中期になると、日本の対潜スコアは急ピッチで増加する。しかしその理由は、日本の対潜能力が技術的に向上したためではなく、続々と建造された多数の米潜水艦が西太平洋に出没し、日本商船の損害が急上昇したことの反映であるといった方が真相に近い。

この年の三月二十五日、浦賀にあった海軍の機雷学校は「対潜学校」と改称された。訓練内容は相変わらず少年兵への音感教育と聴音機、探信儀の習熟だったが、この改名にも日本海軍が対潜作戦の重要性を痛感したことが現われている。

㊴ハーダー（米）／一九四四年八月二十四日

〈海防艦22号による〉

米潜水艦「ハーダー」は、〝駆逐艦殺し〟ともいうべき艦である。同艦は一九四三年六月の初パトロール以来、一六隻、合計五万四〇〇二トンの日本艦船を沈めたが、その中には駆逐艦四隻、海防艦二隻の戦闘艦が含まれている。米潜水艦がすべて「ハーダー」のような戦果をあげていたら、日本海軍の駆逐艦もすぐ全滅してしまうはずだが、幸い「ハーダー」の猛威にもついに終止符が打たれるときが来たのである。

一九四四年八月五日、「ハーダー」は僚艦「ヘイク」とともに、オーストラリアのフリーマントルから六回目のパトロール任務に出撃した。アメリカ海軍はすでに潜水艦二、三隻が互いに連携して行動する、いわゆる「狼群（ウルフパック）」戦法を採り入れていた。「ハーダー」の艦長はサミュエル・D・ディーリー中佐。その名は戦後建造された一四五〇トンの護衛艦「ディーリー」として御記憶の方も多いに違いない。

二隻はポートダーウィンで燃料を補給、さらに僚艦「ハドー」も加わり、狼群は三隻となって八月十三日にポートダーウィンを出撃した。三隻の艦長のうち、ディーリー中佐が最先任なので、狼群の指揮は中佐がとることとなった。哨区はフィリピンのルソン島西方の南シナ海だ。

八月二十二日、「ハーダー」はマニラの西方で日本のヒ七一船団を攻撃、海防艦「松輪」、「日振」を撃沈する。その翌日、魚雷を撃ち尽くした「ハドー」は狼群を離れる。

八月二十四日の朝、残る「ハーダー」と「ヘイク」は、やはりルソン島西方で別の日本の小船団を攻撃した。船団は、

仁洋丸（六八二六総トン、東洋汽船）

海防艦22号（第三十一戦隊）

哨戒艇102号

の計三隻で構成されていた。「ハーダー」はこの船団を襲撃して以後、消息を断ってしま

った。

このとき、「ハーダー」の僚艦「ヘイク」は、「ハーダー」の南、約四〇〇〇メートルの位置にあり、午前七時二十八分に一五発の爆雷が続けざまに爆発する音を聞いたことを報告し、また船団の中にタイ海軍の旧式駆逐艦「プラ・ルアン」（一〇三五トン、イギリス製）らしい三本煙突の艦影を認めている。このため、「ハーダー」の喪失については戦後しばらくタイの「プラ・ルアン」により撃沈されたものであると考えられてきた。

しかし、その後の調査によって、「ハーダー」を仕留めたのは別の艦で、また「ヘイク」がタイの「プラ・ルアン」と考えた艦も日本の哨戒艇であることが判明した。

哨戒艇102号は変わった経歴をもっている。前身は米駆逐艦「スチュワート」である。「スチュワート」は米海軍が第一次大戦後に大量建造した四本煙突の駆逐艦隊（いわゆるフラッシュ・デッカーまたはフォー・スタッカー）の一艦で、太平洋戦争の開戦時にはフィリピンを基地としていた。

日本の進撃により、「スチュワート」はフィリピンからジャワに撤退し、一九四二年二月、スラバヤの浮きドックに入ったまま、日本機の爆撃を受け横転してしまった。しかし日本の第十六軍がジャワに上陸し、「スチュワート」を修理して脱出させる余裕はなく、そのまま遺棄され、日本の第二南遣艦隊の捕獲するところとなった。

日本軍は「スチュワート」を修理して使用することとなった。修理作業はスラバヤの第一〇二工作部隊が担当したが、「スチュワート」を原型どおりに修理したのでは、アメリカに同型艦が多数あるので敵味方の識別に困難をきたすことが考えられた。そこで、四本の煙突のうち一番煙突を後ろにカーブさせ、上部で二番煙突に結合した形に修理した。いわば昭和初期の戦艦「長門」のような湾曲煙突となったのである。「ヘイク」の艦長は潜望鏡の狭い視野から、この奇妙な三本煙突の艦影を認め、日本の艦としては見慣れない姿に、識別表にあったタイの「プラ・ルアン」だと判別してしまったのであろう。

＊

さて、旧米駆逐艦「スチュワート」の後身哨戒艇102号の一九四四年八月二十四日の行動を見てみよう。防衛庁戦史室の『哨戒艇102号戦時日誌』のこの時期の部分には、「八月中、同艦はしばらくキャビテ港（マニラ湾の南）にあったが、八月二十三日の午後五時五十七分、一三ノットでマニラを出港して仁洋丸を護衛、やがて海防艦22号と合流し、翌二十四日、任務を終了してマニラに帰投した」という内容のことが書かれているだけで、対潜戦闘を行なった旨の記録はない。

哨戒艇102号とともに仁洋丸を護衛していた海防艦22号（「ヘイク」の艦長はこれを掃海艇と識別している）の方を『海防艦戦記』で見ると、「八月二十四日、ダソール湾口哨戒中、米潜水艦が雷撃。三本発射、右舷に一本、左舷に二本の魚雷をかわして、直上に爆雷攻撃を行ない、午前七時二十八分撃沈、仁洋丸救出、哨102とマニラに帰投」とある。これらから状況を推定すると、八月二十四日、「ハーダー」と「ヘイク」の襲撃を受けたこの小船団は、哨戒艇102号が仁洋丸を誘導してダソール湾内に避退、海防艦22号のみが湾外で米潜水艦に立ち向かったものとも思われる。

「ヘイク」は強いソナー音を三回聞き、「掃海艇」（海防艦22号）が一八〇〇メートルの距離でこちらに向かって来るのを見た。「ヘイク」は深深度へ潜航し、日本「掃海艇」は引き続きソナーによる捜索を行なったと報告している。このとき、海防艦22号のソナーが「ハーダー」をとらえたのだろう。そして「ヘイク」が聞いた一五発の爆発音が、「ハーダー」の最期だったのであろう。艦長ディーリー中佐以下七九名の乗組員は全員が戦死した。

海防艦22号が装備していたソナーは、三式水中探信儀と呼ばれるもので、駆逐艦に搭載されていた九三式より一〇年新しく、一九四四年に制式採用になったばかりだった。「ハーダー」の撃沈で、三式水中探信儀は早くもその威力を発揮したことになる。

「ハーダー」は日本が沈めた三九隻目の敵潜水艦だが、このうち四番目のＳ44のみが海防艦「石垣」による戦果で、ほかはすべて駆逐艦や駆潜艇、または機雷などによるものばかりだった。しかもＳ44とて浮上中を砲撃したものである。海防艦が潜航中の敵潜水艦を撃沈するのは、この海防艦22号による「ハーダー」撃沈が最初であり、その意味で日本の対潜戦史の上で特筆すべきものである。

なお、哨戒艇102号に搭乗していた大久保貫之氏の『帝国軍艦スチュワート』には、「ルソンの海岸ぞいに台湾の高雄へ行く途中、私は双眼鏡で、長さ二〇～三〇センチの潜望鏡を発見した。海防艦22号は爆雷三発を投下した。そして約一時間の索敵のち〝あとをよろしくたのむ〟の信号をよこして反転、船団を追った。102号は執拗に三時間余をついやして撃沈した」との記述がある。

〈番外〉シーウルフ（米）／一九四四年十月四日

〈味方駆逐艦の勘違いによる〉

つぎに失われた米潜水艦は「シーウルフ」である。しかし、これは日本の対潜スコアには含まれない。米海軍の戦果、つまり同志討ちだったのである。

マリアナ海戦の三ヵ月ほどのち、一九四四年九月～十月に米第七艦隊は、ニューギニア北西方の諸島の攻略を企図していた。これに対して日本海軍は第六艦隊の潜水艦を配置して防衛にあたらせた。呂四一もそのうちの一艦であった。

十月三日、呂四一は、ハルマヘラ島の東方で、米護衛駆逐艦「シェルトン」を撃沈した。「シェルトン」は、護衛空母二隻と護衛駆逐艦四隻からなる対潜掃討部隊（第七二部隊）の一艦で、掃討部隊はただちに「シェルトン」の仇討ちにかかった。

翌十月十一日、掃討部隊の一艦「リチャード・M・ローウェル」は〝日本潜水艦〟をとらえた。水中の潜水艦は味方識別信号らしきものを送ってきたが、味方信号と符号しなかったため、「ローウェル」はヘッジホッグでこの潜水艦を攻撃した。数回の攻撃ののち、「ローウェル」は海面に破片と気泡が浮かび上がってきたのを認めた。

「シェルトン」が撃沈された海域の近くには、当時四隻の米潜水艦が行動しており、対潜部隊が作戦するため、潜水艦は位置を報告することが求められた。三隻の潜水艦からは報告があったが、「シーウルフ」からの位置報告はついになかった。「シーウルフ」は「ローウェル」により〝日本潜水艦〟として撃沈されたことは、状況、位置から見てほぼ確実である。「ローウェル」が聞いた不正確な味方信号は本物だったのである。

「シーウルフ」は九月二十一日にオーストラリアのフリーマントルを出港、一五回目のパトロール任務についており、サマール島東岸へ陸軍兵員と物資を輸送する途中だった。艦長アルバート・M・ボンティアー少佐以下乗員八三名、そして乗り合わせていた陸軍兵一七名は全員死亡した。

対潜作戦ではこのように同士討ちはしばしば起こるものである。「シーウルフ」の撃沈は日本の戦果ではないが、呂四一による「シェルトン」の撃沈は、「シーウルフ」の撃沈に間接的に作用したものといえるだろう。

㊵エスコラー(米)/一九四四年十月?

〈機雷による〉

「エスコラー」もおなじみガトー級の一隻である。同艦は一九四四年九月十八日、ハワイから処女出撃に向かった。ミッドウェーで燃料を補給、僚艦「クローカー」「パーチ」とともに狼群を組んでミッドウェーを出たのが九月二十三日のことだった。哨区は黄海である。三隻の艦長のうち、「エスコラー」のウィリアム・J・ミリカン中佐が最先任だったので、チームのリーダーとなった。

十月十七日——台湾沖航空戦の終わったころ——「エスコラー」は僚艦「パーチ」に「本艦の現在位置は朝鮮半島の南西方の黄海にあり。東進中」との通信を送ってきたが、それを最後に消息を断ってしまった。日本側の資料では、この方面でこの当時、対潜戦闘が行なわれた記録はない。

そこで「エスコラー」の撃沈原因としては、日本が敷設した機雷の可能性が考えられる。日本にとって、黄海は中国や満州から戦略物資を輸送する重要な通商路だったが、南方に比して、その防衛は比較的軽視されていた。米潜水艦として黄海に侵入したのは、一九四三年一月の「ワフー」が最初だった。その後も同年七月に「スコーピオン」、一九四四年七月に「タング」が侵入している。

しかし、一九四三年五月には日本海軍も米潜水艦の黄海侵入の危険性に気づき、黄海南部に機雷原を設けることにした。この作戦には第十八戦隊があたることになった。第十八戦隊は開戦時には軽巡「天龍」と「龍田」で編成されていたが、このころには貨物船から改造された三隻の特設敷設艦がその勢力となっていた。正規の敷設艦は南方作戦に投入されてしまっており、本土近辺の防衛には特設艦船や小形の敷設艇しかさけなかったのである。第十八戦隊に所属していた特設敷設艦は、

高栄丸（六三四四総トン、大同海運）

西貢（サイゴン）丸（五三五〇総トン、大阪商船）

新興丸（六四七九総トン、橋本汽船）

の三隻であった。

第十八戦隊は舞鶴で機雷を搭載し、六月初め、黄海南部に機雷原を敷設した。使用した機雷は九三式機雷で、三隻が並行に航走しつつ、八〇メートル間隔で、深度一三メートルまたは二三メートルに敷設した。さらに九月には敷設艇「那沙美」が、一九四四年一月には「厳島」が機雷の敷設を行ない、この機雷原を強化している。

「エスコラー」は結局、この機雷原に踏み込んで失われたものであるというのが、最も妥当な結論であるようだ。艦長以下八二名の乗員は全員行方不明となった。しかし、「エスコラー」の喪失は不運なものといえる。第十八戦隊による機雷原の設置後も、前述のように、「スコーピオン」と「タング」が黄海への侵入に成功し、それぞれ商船二隻と四隻という戦果をあげているのである。これらに続いて侵入した「エスコラー」は戦果を得ることなく黄海で失われてしまった。

㊶シャークII（米）／一九四四年十月二十四日

〈駆逐艦「春風」による〉

「シャーク」という名の米潜水艦は、開戦三ヵ月目に蘭印方面で失われている。その名を受け継いだのが、ここに登場する二代目「シャーク」でガトー級の一艦である。

「シャーク」は一九四四年九月二十三日、僚艦「シードラゴン」「ブラックフィッシュ」とチームを組んで真珠湾を出港した。「シャーク」にとっては三回目のパトロールである。チームのリーダーは最先任のエドワード・N・ブレイクリー中佐である。三隻はサイパンに立ち寄ったのち、十月三日に出撃した。

サイパンの日本軍は七月に玉砕し、三ヵ月後にはすでに米潜水艦の基地も、ミッドウェーからサイパンへと前進していたのである。三隻の哨区はフィリピン北方のルソン海峡だった。「シャーク」の狼群は、「ソーフィッシュ」以下、「スヌーク」「ドラム」「アイスフィッシュ」からなる別の狼群と合流し、七隻の潜水艦隊となって十月二十四日から二十五日にかけて日本の大船団を襲った。
この船団は「マタ三〇船団」で、マニラから高雄を経て、門司へ向かう三〇番目のものだった。編成はつぎのとおり。

君川丸（六八六三総トン、川崎汽船）
冬川丸（二八四四総トン、川崎汽船）
第一真盛丸（五八七八総トン、原商事）
営口丸（一八四七総トン、日本郵船）
大天丸（四六四二総トン、大阪商船）
黒竜丸（七三六九総トン、大阪商船）
天晨丸（四二三六総トン、瑞光商船）
菊水丸（三八八七総トン、捕獲船）
阿里山丸（六八八六総トン、三井船舶）
信貴山丸（四七二五総トン、三井船舶）
凌風丸（一二〇〇総トン、気象庁）
その他一隻
護衛隊
第一海上護衛隊　駆逐艦「春風」「呉竹」
第三十一戦隊・第四十三駆逐隊　駆逐艦「竹」
給糧艦「鞍崎」

駆潜艇20号（第三十一特別根拠地隊）

船団は護衛艦中、最大の「春風」の名をとって別名「春風船団」とも称せられた。レイテ沖海戦の前日、十月二十三日の午後五時ごろ、最後尾の君川丸が「ソーフィッシュ」の雷撃により撃沈されたのを皮切りに、二日間に「マタ三〇船団」は一二隻の商船中一〇隻までが沈められてしまう。その中には米捕虜一八〇〇名を乗せていた船もあり、捕虜は五名を除いて全員が死亡してしまった。

この乱戦の中で詳しい状況は不明だが、十月二十四日、「春風」は左舷真横一五〇〇メートルに潜航中の潜水艦を探知し、爆雷一七個を投下した。その後、五時四十二分、「春風」は右舷前方一六〇〇メートルに再度米潜水艦を探知、もう一度爆雷一七個を投下する。

しかし、船団は前述のとおり商船一二隻中一〇隻を沈められ、ほとんど護衛艦艇だけしか残らない有り様となって高雄へ入港した。

この攻撃に参加した米潜水艦七隻のうち、六隻までは戦闘後の報告があったが、「シャーク」だけは十月二十四日に僚艦「シードラゴン」と通信を交わしたきり、一切の連絡を断ってしまった。「マタ三〇船団」の襲撃はかなりの乱戦だったが、「シャーク」はおそらく「春風」の爆雷攻撃により撃沈されたものと考えられる。「シャーク」の乗員はE・N・ブレイクリー中佐以下八七名、全員が行方不明となった。

一九四四年の夏から秋にかけて日本軍により失われた米潜水艦三隻、「ハーダー」「エスコラー」、そしてこの「シャーク」はすべて先任艦長の乗艦だったのは奇しき偶然といえる。

「シャーク」を仕留めたと思われる「春風」は、開戦時には第五水雷戦隊の第五駆逐隊に所属し、フィリピン上陸作戦やバタビア海戦に参加したが、第五水雷戦隊が解隊されたのちは、もっぱら商船の護衛任務についていた。「シャーク」の撃沈は、日本海軍の旧式駆逐艦のあげた戦果としては、最初で最後のものである。

*

一九四四年十月二十四日は、米潜水艦にとって最悪の厄日となった。なにしろ、一日に三隻の潜水艦が一挙に失われたのである。もしこのままのペースでスコアがあがっていれば、日本の商船隊もあれほど悲劇的な損害を受けなかったに違いない。なぜ十月二十四日にこんなスコアがあがったのかについて述べよう。

十月二十日、マッカーサー大将率いる米軍がレイテ島に上陸した。日本の艦隊がこれを迎撃するために出撃してくることが予想され、さらには補給品を積んだ日本の船団も、決戦に備えて、フィリピン方面や台湾方面に大挙向かうことが予想された。そのためアメリカ海軍はハワイ、オーストラリアの両基地より、日本南方、台湾、フィリピン周辺に多数の潜水艦を配置したのである。

さらに哨戒配置の潜水艦のほかに、フィリピン、台湾、沖縄などで墜落した友軍のパイロットや乗組員を救助する目的で配置されていた潜水艦もいた。多数が出撃すれば、損害もふえる。一日に三隻という損失は、それだけ米海軍が多数の潜水艦を投入したことの証なのである。

この海域に配置されていた潜水艦はつぎのとおりであった。

豊後水道　三隻
九州の南西方　八隻
沖縄〜台湾間　三隻
台湾海峡　一隻（「タング」）
ルソン海峡東方　三隻
ルソン海峡西方　七隻（「シャーク」を含む）
ルソン島南西方　四隻
パラワン島西方　四隻（「ダーター」を含む）
南シナ海　五隻
ミンドロ島南方　二隻
ボルネオ北岸　二隻
ルソン島東方　三隻

米海軍が、これほど濃密（総計四五隻）な潜水艦の警戒網を敷いたのは初めてである。そしてこの狼群の中に連合艦隊や日本船団が入り込んでしまったわけである。

さて十月二十四日の三隻の米潜水艦の犠牲のうち、「シャーク」については、すでに述べた。ルソン島の西方、駆逐艦「竹」と「春風」によって沈められたものであった。そこで次には、まず残りの二、三番目について述べよう。

㊷タング（米）／一九四四年十月二十五日

〈自分の魚雷による〉

米潜水艦「タング」もガトー級（一五二五トン）の一隻である。「タング」のスコアは米潜水艦のうちでもトップクラスにあり、これまでに日本商船を二四隻も沈め、隻数では「トートグ」に続く二位のスコアを誇っていた。同艦はもっぱら小型商船ばかりを狙っており、艦艇や大型商船は沈めていなかったため、撃沈トン数は九万三八二四トンで四位であった。

「タング」は九月二十四日、ハワイを出撃し、五回目のパトロールに向かった。三日後、例のごとくミッドウェーで燃料を補給して同日出港、東シナ海に向かった。同艦は、台湾の北を通って台湾西北水域の哨区につくか、シルバーサイズの艦長コイ中佐の指揮下に入って同僚の「トリガー」「サーモン」と組んで四隻で台湾の北東水域を哨区とするかの選択を与えられていた。今までの自信からも「タング」艦長R・H・オケーン中佐は、一匹狼として暴れることのできる台湾西北の単独哨戒の方を選んだ。

そして十月二十五日、「タング」は最初の獲物を発見した。それは門司からボルネオのミリへ油を入手するために向かうミ二三船団であった。

この船団は一九四四年十月十八日、北九州の伊万里より南下したもので、つぎのような構成（総計一七隻）であった。

〈ミ二三船団〉

特設工作艦「白沙」（船団嚮導船）

山園丸（詳細不明）

日勝丸（六〇〇八総トン、所属不明）
江原丸（六九五九総トン、日本郵船）
弘心丸（二八五四総トン、日本油槽船）
第二勇山丸（六九三〇総トン、山本汽船）
永仁丸（一万二四一総トン、日東汽船）
延暦丸（詳細不明）
宗像丸（一万四五総トン、昭和タンカー）
松栄丸（二八五四総トン、日東汽船）
松本丸（七〇二四総トン、日本郵船）
栗栄？（艦名不明）

〈護衛隊〉

海防艦14号、20号、34号、39号、46号

船団嚮導船の「白沙」は、中国の税関監視船「福星」（フーシン、六七九九トン）の後身で、日華事変中の一九三七年に捕獲したもので、日本海軍は「白沙」と改名して、初めは特設測量艦として使用していたが、後に特設工作艦に変更していた。また松栄丸には同名の船が三光汽船にもあり、どちらの船なのか不明である。

本船団は十月二十五日の午前一時十五分、台湾の鳥坵嶼の北東にさしかかった。このとき、「タング」は浮上して船団を襲い、松本丸、江原丸（2A型戦標船よりタンカーに改造したも

の）を撃沈した。四回の攻撃で「タング」はつぎつぎと二四本の魚雷を発射した。ところが、二四本目の魚雷はなぜか走りながら左に回頭し、大きくUターンして「タング」に向かってきたのである。これに気づいた艦橋では全速前進を命じて、自艦に突進してきた魚雷をふりきろうとして必死に舵をきったが間に合わず、魚雷は「タング」の艦尾左舷に命中してしまった。

自艦の発射した魚雷が命中するとはしまらない話だが、他に例がないわけではなく、「タリビー」の例や英軽巡「トリニダッド」の例もある。

「タング」は後部の三区画が浸水してしまい、魚雷が当たった後部からかなり離れた発令所でも、爆発のショックで数人がケガをした。艦橋にいた九名のうち三名が海面に投げだされ、八時間後に日本海軍に救助されている。浸水が激しくなった「タング」は、そのまま水深五四メートルの海底に着底してしまい、後部の区画の乗員が前部に逃れたため、艦の前部に乗員の多くが集まり、船体前部からの脱出が開始されようとしていた。

そのころ、「白沙」の船団指揮官は他の船に、金門島への退避を命令したが、海防艦34号は現場に残って反撃に移った。34号は二隻が沈められた位置から二〇〇〇～三〇〇〇メートル離れたあたりに水中探信儀を下ろし、索敵をはじめた。浮上して魚雷攻撃をしかけてきた敵潜水艦が突如、姿をくらましたのであわてたが、間もなく水深三〇メートルあたりで停止している目標らしきものを発見、二時間半後、一発の爆雷を投下してみることにした。爆雷の連続投下を行なわなかったのは、付近の海面にはまだ沈められた商船の生存者が救助を待っていたからで、爆雷の爆圧により負傷することを心配したからであった。

この海防艦34号の爆雷攻撃により、「タング」の生存者の脱出が遅れたばかりでなく、前部電池室から電気火災が発生してしまった。海中の「タング」の船体から一三名が脱出に成功した。しかし、八名だけが生きて海面に浮上、そのうちの五名だけが日本側に救助されている。

そのとき、海防艦34号では六メートルカッターを降ろして沈没船の生存者を救出していた。だが艦橋の見張員が、カッターに近寄らず泳いで逃げていくものがあることを報告した。そこで六メートル内火艇を降ろして追いかけて捕らえると、彼らはアメリカ兵で、中には艦長も含まれていた。捕虜となった米兵を訊問する際、艦長R・H・オケーン中佐は、「国際法上、捕虜としての権利があり、訊問を強制されるすじあいはない」としてくってかかったという。

それでも沈没した潜水艦の艦名が「タング」と判明したので、海防艦34号はのち台湾の高雄に入港して、艦橋に潜水艦の絵と「タング」の艦名を記入したという。海防艦34号には、たまたま撃沈された日本商船の救助者も収容されていたので、彼らは「タング」の捕虜に対して暴行を加えた。「タング」の捕虜は終戦後収容所から解放されたが、捕虜になっていた米潜水艦長の中で「タング」艦長オケーン中佐が精神的に最もひどい状態であったという。

㊸ダーター（米）／一九四四年十月二十五日

〈戦闘中座礁、放棄〉

日本海軍のあげた四三隻目の戦果は、「タング」と同型の「ダーター」であった。しかし、これもまた正確には日本側の戦果ではない。彼ら自身のミスで浅瀬に乗り上げてしまったのであった。

さて、「ダーター」はオーストラリアを基地とする南西太平洋潜水艦部隊に配属されていた。七月一日、「ダーター」はブリスベーンから四回目のパトロールに出撃した。今回「ダーター」は僚艦「デース」と組んで、フィリピン南西部パラワン水道の西側を警戒することになっていた。レイテに上陸した米軍に対して、日本の艦隊がなんらかの攻撃に出ると考えられたからであった。案の定、栗田健男中将率いる第二艦隊がレイテ湾に向かっていた。「ダーター」は重巡「愛宕」の次に「高雄」を狙った。しかし撃沈にはいたらず、「ダーター」は再度、「高雄」を攻撃すべく、チャンスをうかがっていた。しかし、攻撃にのみ気をとられて浅瀬に乗り上げてしまったのだった。離礁を何度か試みたが失敗、結局、船体は放棄されることに決まり、「ダーター」の乗員は僚艦「デース」に救助された。

十月三十一日、放棄された「ダーター」に対し、潜水艦「ノーチラス」が一五センチ砲で砲撃を加え、日本軍の手に落ちないように破壊したが、十分ではなかった。日本側は十一月初め、艦政本部の技術士官を派遣して、浅瀬に残っていた「ダーター」を調査した。一行は一部図面などを入手したが、レーダーや通信機材などは破壊されていたり、取りはずしができず、スケッチするにとどまった。

「ダーター」の乗員はその後、チームワークをくずさないようにと全員がそっくり、完成したばかりの新鋭艦「メンヘイデン」に乗り組むことになったという。

〈番外〉サーモン（米）／一九四四年十月三十日

〈海防艦22号および33号により大破〉

「サーモン」は戦前竣工のSクラスの一隻だった。開戦前、マニラを基地とする米アジア艦隊の第二潜水隊に属していた「サーモン」は一九四二年五月、工作艦「朝日」（日露戦争時の戦艦を改造）をインドシナ沖で撃沈するなどの戦果をあげていた。

さて、一九四四年十月のレイテ沖海戦に際し、小沢治三郎中将の機動部隊の残存艦艇に対し、連合艦隊では至急、給油艦を送らなければならなかった。機動部隊は戦闘で空母四隻を失ったが、航空戦艦「日向」「伊勢」などの大艦があり、その他の艦も含めて燃料を補給する必要があった。そこで第一、第二の補給部隊が内地から出撃した。そのうち第一補給部隊はつぎのような編成であった。

〔第一補給部隊〕

油漕船たかね丸（一万二一総トン、日本海運）

第三十一戦隊（指揮官田村保郎大佐）　海防艦22号、29号、33号

たった一隻のタンカーに海防艦三隻が護衛につくのだから、かなり重要な任務であることがわかる。

さて注目すべきは、三隻の海防艦が第三十一戦隊所属ということである。海防艦の多くは海上護衛総隊に入っていたが、第三十一戦隊は一九四四年八月二十日付で連合艦隊に編成された兵力で、第三十駆逐隊の旧式駆逐艦に新鋭の第四十三駆逐隊（「松」型）を加え、さら

に数隻の海防艦を加えた、対潜掃討を主任務とする部隊であったのである。なお海防艦22号は二ヵ月前、ルソン島の北西で米潜水艦「ハーダー」を沈めた殊勲艦でもある。

さて、第一補給部隊は一一～一三ノットで走りつつ、レイテ沖海戦の二日前の十月二十三日、奄美大島沖に進出、機動部隊の帰投を待ち合わせることになっていた。小沢艦隊の二戦艦や第三十一戦隊の駆逐艦など計一〇隻は、エンガノ岬沖海戦後、〝たかね丸〟から給油を受けて内地やシンガポールに向かった。本来、台湾に向かう予定だった〝たかね丸〟は、缶室ポンプの故障のため、呉へ回航することになった。そこで十月二十九日、第一補給部隊は奄美大島より北上を開始した。

ところが、この海域には「サーモン」「トリッガー」「バーフィッシュ」「シルバーサイズ」「ベスゴ」「スターレット」ら、の米潜水艦群が獲物を待ちうけていたのだ。第一補給部隊が南九州の都井崎の南南東一三〇海里まで北上した十月三十日午後、「トリッガー」が〝たかね丸〟を襲った。魚雷二本が後部に命中、〝たかね丸〟は行動不能になってしまった。

しかし逆に、「トリッガー」は海防艦の反撃を受けて、付近にいる味方潜水艦に応援を求めた。これに答えたのが「サーモン」である。

「サーモン」は魚雷四本を撃ち、そのうち二本を〝たかね丸〟に命中させた。海防艦29号は真近に敵潜水艦がいることを察知し、爆雷を投下した。この攻撃は深度九〇メートルのところにいた「サーモン」に激しい衝撃を与え、艦内には水もれがはじまった。艦長ナウマン中佐は、そのまま沈没することをおそれ、浮上を決意した。

第三十一戦隊の海防艦22号は午後十時ごろ、右舷前方五〇〇〇メートルに浮上中の敵潜水艦を発見、追跡を開始した。月は満月にちかく、視界もよかった。爆雷攻撃のため「サーモン」は一五度も傾いており、浸水がはなはだしいうえ、エンジンも不調だった。だが海防艦22号は「サーモン」の追跡に時間をかけ、慎重に接近して行った。しかし、慎重になりすぎたことが「サーモン」を立ちなおらせてしまったのである。

海防艦33号は西方で22号と米潜水艦がにらみあっているのを知り、すぐ駆けつけた。アメリカ側では22号の慎重さを、33号が戦闘に加わるのを待っていたようだと記録している。

十月三十日午後十時三十五分、「サーモン」は反転し、一〇・二センチ五五口径砲一門と二〇ミリ機銃、その他小火器など、あらゆる火器で海防艦22号に反撃した。22号も一二センチ高角砲二門、二五ミリ機銃三連装二基を撃ちつつ、わずか五〇メートルの至近距離まで接近、反航戦に入った。敵味方とも機銃弾の撃ち合いで負傷者が続出した。海防艦22号は下士官兵に戦死四名、負傷者は二四名を数えた。

海防艦22号は艦橋にまで被弾、戦闘指揮が乱れて、ほとんど洋上に浮かぶだけとなってしまった。このとき海防艦33号は22号とともに「サーモン」を挟み打ちするような格好で戦闘に加わった。「サーモン」は左舷にわずかに傾きながら、後部よりかなりの燃料を流出して、折からのスコールの中に逃亡した。まるで一九世紀以前の帆船同士の戦いにも似た至近距離での撃ち合いだった。

米潜も「シルバーサイズ」「トリッガー」が「サーモン」の救助に駆けつけて、翌日になって「ベスゴ」「ロンキル」「バーフィッシュ」もやってきた。海防艦29号は「スターレット」を追いかけたが、これもスコールの中に逃げられてしまった。この「スターレット」は、その後〝たかね丸〟にとどめを刺す。海防艦29号は〝たかね丸〟の乗員を一名救助した。「スターレット」は翌日、損傷した「サーモン」を護衛し、サイパンへ向かった。米軍哨戒機も掩護に飛来し、「サーモン」の頭上を守った。サイパンで応急修理をしたのち、「サーモン」はハワイへ帰投した。しかし同艦は沈没こそしなかったものの、損傷がひどく、結局、以後は戦闘に加わることができなかった。

なお「サーモン」は大西洋岸のポーツマスへ移動して修理されたが、大西洋艦隊で標的や練習艦として使われ、二年後には解体された。この海戦を生き延びた「サーモン」の乗員は、ちょうど「ダーター」の乗員が「メンヘイデン」に移乗したように、全員が新鋭の「スティックルバック」に移った。

海防艦22号は乾舷が潜水艦より高いので、「サーモン」との戦闘でも機銃弾が多数命中した。22号はこの戦闘での損傷修理のため十一月一日、呉工廠でドックに入り、被弾個所の修理を受けた。それにしても「ハーダー」の撃沈といい、今回の「サーモン」といい、海防艦22号の活躍は特筆に値するものであった。もちろん、この「サーモン」との戦闘は撃沈ではないので、スコアに加えることはできない。ただ、このような激しい戦争があったことを参考までに番外として紹介しておくことにする。

＊

一九四四年十月二十五日にはじまったレイテ沖海戦での敗北により、日本海軍は実質的な戦闘能力を失ってしまった。しかしその直後の十一月に日本軍は三隻の米潜水艦と一隻の英潜水艦を撃沈、さらに一隻を大破するという大きな戦果をあげている。一ヵ月間に四隻撃沈、一隻大破という成績は、日本の対潜戦の記録のうえで一つのピークとなるものであった。

㊹アルバコア（米）／一九四四年十一月七日

〈機雷による〉

米潜水艦「アルバコア」はガトー級の七番艦で、マリアナ沖海戦で空母「大鳳」を撃沈し、他にも軽巡「天龍」、駆逐艦「大潮」「漣」、駆潜艇165号、商船五隻などを沈めるという赫々たる戦歴をもつベテランだった。「アルバコア」は十月二十四日に真珠湾を出撃、四日後にミッドウェーで燃料を補給、一一回目のパトロールに出発した。

同艦の哨区は日本の三陸沖から北海道南方にかけての海域だった。ここには日本側の機雷が予想されたので、「アルバコア」には、水深一八メートル以内の浅い水域での行動を禁じる命令が出ていた。「アルバコア」の哨区とされた津軽海峡東側の海域は、米潜水艦にとっていわば〝鬼門〟であって、過去においても「ピッケレル」「ポムパノウ」など四隻がすでに失われていた。「アルバコア」は五隻目となる運命だった。

この海域に近い日本海軍の基地、青森県の大湊の防備隊には第二十八特設掃海隊が配属されており、その一隻にアウト・エンジンの小型貨物船、第七福栄丸があった。第七福栄丸は一九三四年に進水し、戦前は満鮮運輸社の所有で、朝鮮や満州への航路に就いていたが、一九四一年十一月に徴用されて、特設掃海艇となり第二十八特設掃海隊に所属して、船団護衛などにあたっていた。

一九四四年十一月七日、第七福栄丸は津軽海峡の東南を単艦で哨戒していた。七・五ノットでジグザグ航走しつつ、簡易式水中聴音機で対潜警戒を行なっていたが、午後十二時三十五分、左舷後方二五〇〇メートルの沖合に水中音をキャッチした。それと同時に、水中音の推定位置に高さ一〇メートルほどの水柱が上がり、直後に爆発音が二回聞こえ、第七福栄丸は一瞬、黒い潜舵が海面を割って姿を現わしたのを目撃したが、すぐに潜舵はまた水面下に見えなくなった。驚いた第七福栄丸は右に回頭し、現場へ急行、約一時間にわたってエンジンを止めたまま、水中聴音機で様子をうかがった。そのうちに防寒ジャンパーやラッキー・ストライクの箱が海面に浮かび上がり、さきほどの水中爆発は、米潜水艦が機雷に触れたものということがわかった。

この海域には一九四二年十月に特設敷設艦盤谷丸が九三式機雷を二〇〇個敷設したのをはじめ、さらに一九四三年十一月に二七〇個、一九四四年七月に二五〇個の機雷が敷設されて、対潜機雷原が完成していた。これらの機雷にひっかかったものと思われる。第七福栄丸は浮き上がってきた米潜水艦の遺留品を引き上げ、基地に帰投した。

一方、米海軍では「アルバコア」が予定の十二月十二日になってもミッドウェーに帰投せず、二十一日まで連絡がないため、その行方を求めたが、結局、何の手がかりも得られず、「アルバコア」は喪失したものと判断された。艦長ヒュー・R・リマー少佐以下八六名の乗組員は全員行方不明となった。アメリカ側にとって「アルバコア」は、潜航中に機雷に触れて沈没し、第七福栄丸が目撃したのが、その最期であったことが明らかになったのは、戦後、米軍が日本側の記録を調査したときのことだった。

なお余談だが、第七福栄丸は太平洋戦争を無事に生き延び、戦後返還され、一九五七年には恵光丸と改名して四国や大阪で活躍しており、少なくとも一九七〇年には健在だった。潜水艦が触雷、沈没するのを現場で目のあたりにするという稀有な経験を持ち、平和が戻ってからも長く働いた第七福栄丸だが、昭和五十五年の船舶名簿には、恵光丸の名は見られなくなっていた。

㊺グローラー（米）

〈駆逐艦「時雨」、海防艦「千振」、海防艦19号による〉／一九四四年十一月七～八日

「アルバコア」に続いて失われた米潜水艦は、「グローラー」であった。この艦もガトー級で、一九四四年秋ともなると米潜水艦隊はすっかりガトー級が主力となり、もちろん、それ以前のクラスの艦でまだ健在のものもあったが数のうえでは少数派になってしまっていた。「グローラー」も大きな戦功をもつ艦だった。一〇回の哨戒行動の間に、日本艦船一〇隻、合計三万二〇〇〇トンを沈めており、とくに一九四二年七月五日、キスカ島沖で第十八駆逐隊の「霰」を撃沈、続いて「霞」と「不知火」を大破させている。さらに同年九月には、戦艦「大和」級の砲塔運搬用として建造された特務艦（給兵艦）「樫野」を沈め、一九四四年にも九月十二日に駆逐艦「敷波」と海防艦「平戸」を撃沈している駆逐艦キラーであった。

その「グローラー」は、オーストラリアを基地とする第七一潜水艦隊（この名称は第七艦隊の第一潜水隊を表している）に所属し、一九四四年秋、僚艦「ハードヘッド」と「ヘイク」とともにフィリピンのミンドロ島西方の哨戒でパトロールしていた。この三隻の狼群の指揮は「グローラー」の艦長T・B・オークレイ中佐が執っていた。「グローラー」にとっては

一一回目の哨戒行動である。十一月七日、「グローラー」はオーストラリアにある司令部に水上捜索用レーダー（SJ）の故障を報告してきた。司令部では「グローラー」に対し、潜水艦「ブリーム」が二、三日中に帰投途中に付近を通るので、「ブリーム」とランデブーしてレーダーの部品を受けとるよう指示した。しかし、その後「グローラー」のレーダーは一時的に機能を回復したらしく、「グローラー」は十一月七日の夜「ハードヘッド」に水上目標を探知したと連絡してきた。

「グローラー」のレーダーが発見した水上目標とは、日本の特設給油船万栄丸（五二三六総トン、日東汽船、TM型の戦標船）とその護衛艦からなる四隻の船団だった。当時、日本海軍はマニラ北方のクラーク基地とその周辺に第一、第二航空艦隊を展開させ、陸軍もルソン島に第四航空軍を配置しており、レイテ沖海戦に敗れ、兵力は大きく消耗していたとはいえ、これらの航空部隊に燃料を補給するため、ボルネオの石油積み出し港ミリからマニラへと燃料輸送が続けられていた。万栄丸もその一隻で、一九四四年十一月一日にボルネオを出港していた。その船団の構成はつぎのとおりだった。

特設給油船万栄丸

護衛隊　駆逐艦「時雨」、海防艦「千振」、海防艦19号

たった一隻の油槽船に三隻もの護衛がつくというのは、やはりその積み荷である航空燃料がそれだけ貴重なものだったということを物語っているといえるだろう。護衛隊の中の「時雨」は、西村部隊に所属して十月二十五日～二十六日のスリガオ海峡海戦から唯一隻生き残った艦であり、二隻の海防艦もそれまでは第一海上護衛隊に所属して、日本とシンガポール

間の船団護衛にあたっていたもので、南西方面艦隊の配属となったばかりだった。十一月七日の夜、この船団はすでにマニラ湾に入り、目的地まであとわずかを残すところで「グローラー」に発見されたわけである。

その「グローラー」は「ハードヘッド」に船団の左前方に占位して攻撃するよう命じた。「ハードヘッド」と「ヘイク」は爆発音を聞き、船団がジグザグに航走しながら「グローラー」のいるとおぼしき位置から離脱しつつあるのを目撃し、その後「ハードヘッド」は爆雷の爆発音三発を聞いた。さらに一時間後、船団の左前方の位置についた「ハードヘッド」はタンカーを目標に魚雷を発射、三、四本の命中を得た。「ハードヘッド」の攻撃によりタンカーが沈没するのは僚艦「ヘイク」が確認している。

しかし「ハードヘッド」は日本の護衛艦から激しい反撃を受け、その夜は一晩中、潜航を余儀なくされ、「ヘイク」もまた攻撃を受けた。二隻の米潜水艦は翌朝、無事に浮上したが、先任艦の「グローラー」の姿は見えず、何の連絡もなかった。前夜、「ハードヘッド」のレーダー・スクリーンに映った輝点が、「グローラー」の最期の姿だったのであろうか。

「グローラー」の喪失原因は明らかでない。万栄丸を護衛していた海防艦「千振」と19号の記録には、船団はマニラ入港直前に米潜水艦の攻撃を受け、対潜掃討を行なった後、即日ミリへ反転したという記述が見られるが、19号などでは対潜戦闘を行なうも戦果不明と記しており、米潜水艦を撃沈したという記述はない。船団発見後に「ハードヘッド」と「ヘイク」が聞いた爆発音は、「ヘイク」は「正体不明」と、また「ハードヘッド」は「魚雷の爆発音に似ている」と報告しており、「グローラー」も「タング」や「タリビー」と同じように自艦の発射した魚雷が変針して命中したものとも考えられるが、「グローラー」は艦長T・B・オークレイ中佐以下乗組員八七名全員が行方不明となったため確証はない。状況から判断すれば、むしろ「時雨」「千振」、海防艦19号の攻撃により撃沈されたと考えるのが妥当であろう。

㊻スキャンプ（米）／一九四四年十一月十一日
〈海防艦4号による〉

一九四四年十一月に入って三隻目の米潜水艦の喪失は「スキャンプ」である。「スキャンプ」は十月十六日、ハワイを出港し、ミッドウェーで給油を行ない、二十一日に出撃した。今回の哨戒行動は「スキャンプ」にとっては八回目のもので、過去七回の哨戒で「スキャンプ」は日本の潜水艦伊一六八や、もと特設水上機母艦神川丸（六八五三総トン、川崎汽船）など五隻、計約三万四〇〇〇総トンを沈めていた。今回の哨区は硫黄島近辺である。十一月九日、「スキャンプ」は陸軍のB29による日本本土空襲の間は、硫黄島周辺を離れるべしという命令を受け、了解の応答を送っている。

その五日後の十一月十四日、B29の東京空襲があるので、海上に不時着水する搭乗員を救助するため、「スキャンプ」に対して房総半島の東方海域で待機するよう、命令が発せられた。しかし、「スキャンプ」からの応答はなかった。その後も十一月二十六日まで「スキャンプ」へは幾度となく呼びかけが発せられたが、一切答えは得られず、「スキャンプ」は艦長J・C・ホリングワース中佐以下八三名の乗組員とともに戦闘海域において哨戒中行方不明と判定された。

「スキャンプ」の最後の通信から二日後の十一月十一日、日本の哨戒機が八丈島の東北沖の海面に油が長く漂っているのを発見した。油は潜水艦の燃料が洩れたもののように思われたので、哨戒機は爆弾を投下するとともに、付近の海域で父島から横須賀へ向かう第四一〇八船団の護衛にあたっていた海防艦4号を現場に誘導した。海防艦は水中探信儀で右前方三八〇〇メートルに目標を探知、一〇〇〇メートルまで接近すると、潜水艦は魚雷二本を発射して攻撃してきた。

海防艦4号は魚雷を回避して爆雷攻撃を開始、爆雷投射点に発煙筒と信号ザオを落として目印とし、三回の攻撃で合計七〇個の爆雷を投下した。攻撃が終わると、海面に大きな気泡が数個浮き上がるのが確認された。

この戦闘はちょうど硫黄島沖の哨区から、房総半島沖の待機海域へ向かう「スキャンプ」の航路にあたる場所で行なわれ、海防艦4号の見た気泡が「スキャンプ」の最期であったと考えられる。

海防艦4号は戦闘の二日後の十一月十三日、横須賀の長浦に入港、海上護衛総隊の参謀が乗艦して米潜撃沈の労をねぎらった。さらに同艦は十一月十五日付で、それ以前の三隻の戦果と合わせて合計四隻の米潜撃沈という戦果により、海防艦として初めての個艦感状を授与されている。しかし米軍の記録と照合すると、実際に米潜水艦を撃沈したと考えられるのは十一月十一日の例だけで、他の三隻はいずれも誤認であったことが明らかになっている。

〈番外〉ハリバット（米）／一九四四年十一月十四日

〈海防艦6号および3号？により大破〉

一九四四年十一月の日本軍の対潜戦果として、もう一隻、「ハリバット」を挙げよう。この艦は撃沈されはしなかったものの、大破し、以後戦列に復帰することはできなかったもので、もちろん撃沈数に加えることはできない。

「ハリバット」もお馴染みガトー級の一艦で、すでに日本の艦船一二隻、約四万五〇〇〇総トンを沈めるという功績を持っており、その中には敷設艇「鷗」や駆逐艦「秋月」が含まれ、ほかに一九四三年十一月五日には豊後水道で空母「隼鷹」にも魚雷を命中させている。「ハリバット」は一九四四年秋、僚艦「ハドック」「ツナ」とともにチームを組み、ルソン海峡でのパトロールについていた。十一月十四日、米狼群は護衛艦三隻を含む七隻からなる日本船団を発見した。「ハリバット」は潜望鏡深度から、距離二九〇〇メートルでその中の一番大きい目標に対し、魚雷を発射した。その直後、「ハリバット」は対潜爆弾四発の攻撃を受けた。

爆弾を投下したのは、第九〇一航空隊（海上護衛総隊所属）の九六陸攻で、新兵器の三式1号磁気探知機で潜航中の「ハリバット」をとらえたのである。

この磁気探知機は、海軍の航空技術廠（横須賀）の計器部が開発し、一九四三年十一月に完成させたものである。磁気探知機は、鉄製の大きな物体があると地磁気が変化するため、それを利用して水中の潜水艦を発見する装置で、英米でも以前から航空機搭載用の対潜探知装置として試験的に実用化されていたが、日本の三式1号磁気探知機は全く独自のアイデアで生まれた実用性の高いものであった。

完成した磁気探知機は、一九四四年四月ごろから第九〇一航空隊の九六陸攻に搭載された。第九〇一航空隊は各地に派遣隊を置いていたが、その中でも、米潜が猛威をふるっていたルソン海峡に近い台湾の高雄派遣隊に磁気探知装置機が優先的に配属された。しかし、当初はまだこの新兵器を使用する戦術が確立しておらず、テストをくり返した結果、三機編成の一個小隊で三時間にわたって、高度五～一〇メートルを飛行する、という標準的対潜捜索方法が編み出された。一九四四年八月～九月には、第九〇一航空隊はルソン海峡でしばしば潜航中の敵潜水艦の探知に成功するようになった。

十一月十四日、第九〇一航空隊は、九六陸攻九機と一式陸攻一機を船団護衛のため出撃させ、このうちの一機が「ハリバット」を発見したのである。陸攻が投下した爆弾は「ハリバット」に損害を与えることはできなかったが、船団を護衛していた海防艦も米潜に気づき、陸攻の爆撃の二〇分後に爆雷攻撃を開始、八個～一〇個の爆雷を投下した。

「ハリバット」はこの爆雷攻撃により大きな損害を受け、一時的に浮力のコントロールを失い、深度一三〇メートルまで沈下してしまった。

船体はねじれ、前部発射管室を損傷、メイン・タンクも両側と上部がへこんでしまい、前部脱出口も浸水して使用不能となった。前部電池室では電蓄のケーシング一一個にひびが入り、電池からは硫酸が漏れ出し、左右の推進器軸も船体が歪んだせいか、モーターを回すと異常なきしみ音を発するようになった。ソナー、聴音器などの音響兵器は破壊され、司令塔上部の対空捜索用SDレーダーのマストにも浸水をみた。しかし、幸いなことにメイン・エンジンや発電機、減速装置などの機関は無傷で、前後の潜舵、トリム・ポンプにも損傷はなかった。

これほどの損傷にもかかわらず、「ハリバット」は沈没をまぬがれ、戦闘後、浮上に成功した。海面に出てみると、前部の四インチ砲のすぐそばで爆雷が炸裂したらしく、砲尾の頑丈な尾栓までが破壊されていた。「ハリバット」の付近には別の狼群に属する潜水艦「ピンテイド」があり、「ハリバット」と同じ船団を攻撃すべく行動していた。傷だらけの「ハリバット」は「ピンテイド」と会合し、「ピンテイド」はハワイの司令部に「ハリバット」の損傷の程を報告した。ハワイの司令部では「ピンテイド」に「ハリバット」を護衛してサイパンへ帰投するよう命令し、「ピンテイド」は麾下の潜水艦「アチューレ」と「ジャラオ」を残して、「ハリバット」につきそって帰途についた。

「ハリバット」はサイパンとハワイで応急修理を受け、米本土のポーツマス海軍工廠へ送られた。「ハリバット」の損傷は、調査にあたった技術者も驚くほどのもので、修理するのは経済的に引き合わないと判断され、「ハリバット」は結局破棄され、一九四七年に、戦没しなかったガトー級としては最も早くスクラップとなった。

「ハリバット」に再起不能の損傷を与えた海防艦の艦名は、残念ながら明らかでない。考えられる可能性としては、第一海上護衛隊の海防艦6号がある。この艦は一九四四年十一月三日にタマ三一C船団を護衛して、台湾の高雄からマニラへ向かい、それ以後の記録はないが、十一月十五日に敵潜水艦四隻撃沈の功により第一海上護衛隊司令の野村直邦大将から感状を与えられている。この「四隻」という戦果も、先に述べた海防艦4号のものと同じく、以前からの撃沈の累積だが、海防艦6号の場合はアメリカ側の資料と対照すると実際の撃沈はなかった。

海防艦6号のほかに「ハリバット」を攻撃した艦としては、十一月十四日にマニラから高雄へ向かうマタ三二船団を護衛中に、対潜戦闘を行なったという記録がある海防艦3号という可能性もまた考えられる。

㊼ストラタジェム（英）／一九四四年十一月二十二日

〈駆潜艇35号による〉

英海軍の第八潜水戦隊および第二、第四潜水戦隊は一九四三年、アフリカからセイロン（現スリランカ）へ進出し、コロンボやツリンコマリーを基地として活動するようになった。

セイロンの基地から出撃した英潜水艦は、インド洋東部からマラッカ海峡にかけて、日本の船団に襲撃をくり返していた。当時、日本の主要な船舶は他の方面に投入され、インド洋やマレー半島には比較的小型の船舶が残るばかりとなっており、第一南遣艦隊の対潜艦艇も木造の特設駆潜艇などが混じった、弱体な兵力になっていた。それに乗じて英潜水艦の攻撃も大胆になり、搭載している砲や機銃を用いて浮上戦闘を挑むものも現われた。

一九四四年八月、新たに潜水母艦「ウルフ」がセイロンに配備されたのを機に、英東洋艦隊はセイロンの潜水艦の一部をオーストラリアに派遣し、米潜水艦隊と協同作戦を行なうこととした。これより、第八潜水戦隊のS級六隻、T級三隻は、潜水母艦「メイドストン」とともにフリーマントルに進出し、米第七艦隊の潜水艦部隊司令官ラルフ・クリスチー少将の指揮下に入ることとなった。フリーマントルを新しい根拠地として、英潜水艦のうち比較的小型のS級はジャワ海やマカッサル海峡へ、また大型のT級は、カリマタ海峡を通ってシャム湾にまで行動範囲を広げるようになった。

もちろんセイロンの英潜水艦も従来どおり活動を続けており、「ストラタジェム」もその一隻であった。

十一月十日、「ストラタジェム」はセイロンから哨戒に出発した。艦長C・R・ペリー少佐は、これが極東に配属となってから四回目の出撃であった。「ストラタジェム」の担当哨区はマラッカ海峡南部であった。

十一月十九日、「ストラタジェム」は五隻からなる日本の小船団を攻撃し、日南丸（一九四五総トン、大洋興業）を撃沈した。しかし、その三日後の十一月二十二日に「ストラタジェム」は日本の駆潜艇35号と出合う運命にあった。

駆潜艇35号は一九四三年二月に竣工した第13号型の一隻で、就役後、第五艦隊に属して千島や南方で働き、一九四四年十月にペナンに基地を置く第一南遣艦隊第十五特別根拠地隊に転属となったばかりであった。

十一月二十二日、マラッカ海峡の警戒にあたっていた35号は、午後三時三十分、マラッカ灯台の南一三〇〇メートル付近で潜航中の潜水艦を発見し、爆雷二発を投下、攻撃した。

この潜水艦が「ストラタジェム」だったのである。35号からの爆雷一発は、「ストラタジェム」の後下方で爆発、艦尾がもち上がり、艦内の電灯が消えた。五秒後、二発目の爆雷が爆発し、魚雷室に浸水しはじめた。防水ドアを閉鎖しても浸水は止まらず、浮力を失うことを恐れた艦長は、水上戦闘を覚悟して浮上を命じたが、浮力を取り戻すことができなかった。

やむなく、「ストラタジェム」艦内では、可能な者に前部脱出口から脱出するよう下命された。「ストラタジェム」が沈没しつつあったワン・ファサム堆は非常に浅く、それが駆潜艇35号に発見され、深深度潜航で攻撃を回避することもできないという「ストラタジェム」の不運となったのだが、脱出に際しては逆に幸いとなった。

一方、駆潜艇35号は、敵潜水艦を攻撃した海面で旋回を続けながら、さらに二発の爆雷を投下した。四五分後、海面に敵潜の乗員が浮上するのを見つけた駆潜艇35号は、ただちにカッターを下ろして八名を収容し、翌十一月二十三日、シンガポールに捕虜を上陸させた。「ストラタジェム」の乗員四四名のうち、前部脱出口のある区画にいたものは一〇名。そのうち八名が脱出に成功したわけである。捕虜となった八名はその後二班に分けられ、三名は日本本土に送られて終戦後連合軍に救出されたが、他の五名はシンガポールで行方不明となっている。

日本軍による英潜水艦の撃沈は、一九四四年三月の「ストンヘンジ」以来七ヵ月ぶりのことだった。

一九四一年（昭和十六年）

㊽ソードフィッシュ（米）／一九四五年一月三日〜九日？〈機雷による〉

つぎに失われる連合軍の潜水艦は、米海軍の「ソードフィッシュ」である。「ソードフィッシュ」は新Sクラスの一艦で、排水量は一四五〇トン、一九三九年に就役しており、開戦時にはアジア艦隊に属してマニラにあったというベテラン艦だった。長い戦歴をもつだけに、「ソードフィッシュ」はこれまでに日本艦船二一隻を撃沈しており、その戦果の中には駆逐艦「松風」も含まれていた。

一九四四年十二月二十二日、「ソードフィッシュ」はハワイを出港、十二月二十六日にミッドウェーで燃料を補給し、同日出撃した。同艦にとって一三回目の戦闘航海である。「ソードフィッシュ」の今回の哨区は沖縄近海。通常の日本艦船の攻撃のほかに、沖縄の海岸を写真撮影することも任務とされていた。

フィリピンを手中に収めつつあった米軍は、すでに一九四五年に沖縄を攻略することを計画しており、「ソードフィッシュ」のこの任務も沖縄上陸のための準備偵察となるものだった。もちろん航空機による空中からの写真偵察も行なわれるが、上陸地点や海岸の地形や状態を海上から撮影した写真も必要とされたのである。

年がかわって、一九四五年一月二日、沖縄近海の配置についていた「ソードフィッシュ」に対し、一時その海域を離れて北方の屋久島近海に移動するよう命令が送られた。一月三日から四日、および九日に第三八機動部隊がその艦載機によって沖縄の日本軍施設に大規模な攻撃を行なうので、誤爆などを避けるためである。「ソードフィッシュ」はその命令に対し、翌一月三日、受信確認の通信を送って来た。第三八機動部隊の攻撃が終了する一月九日、ハワイの潜水艦隊司令部は「ソードフィッシュ」に、沖縄の作戦海域に戻ることを命令した。しかしこの命令に対し「ソードフィッシュ」からの応答はなく、任務を終了してサイパンの基地に帰投するはずの一月十八日になっても「ソードフィッシュ」は帰還せず、それきり行方不明になってしまった。

「ソードフィッシュ」がどのようにして沈没したのか、その原因はわからない。だが常識的には機雷に触れたか、あるいは日本の対潜作戦によるものか、二つの可能性が考えられる。まず、沖縄近海での日本の機雷敷設状況を見てみよう。

日本海軍が沖縄周辺に機雷を敷設したのは、一九四四年に入ってからのことだった。これは東シナ海での敵潜水艦による被害が急増したからで、一九四四年一月から六月にかけて、使用機雷一万二〇〇〇個、四ヵ所にわたる大規模な対潜機雷礁の敷設作業が東シナ海で実施された。

そのうち第四機雷礁が沖縄付近での敷設となり、一九四四年六月十九日から二十日に行なわれ、これは大がかりな敷設作業となった。このときの参加艦艇はつぎのとおりであった。

第十八戦隊　敷設艦「常盤」
　　　　　　特設敷設艦西貢丸（五三五〇総トン、大阪商船）
　　　　　　特設敷設艦高栄丸（六三四四総トン、高千穂汽船）
　　　　　　特設敷設艦新興丸（六四七九総トン、橋本汽船）
警　戒　隊　水雷艇「友鶴」（第四海上護衛隊）
　　　　　　敷設艇「鷹島」（大島防備隊）
　　　　　　駆潜艇第58号（第四海上護衛隊）
　　　　　　駆逐艦「海威」（旧「樫」、一九三七年、満州国に譲渡）

以上の合計八隻であった。これらの敷設艦艇は九三式機雷と6号2型機雷合計一六五〇個を一六五キロメートルの距離にわたって、各一〇〇メートルの間隔で深度一三メートルの海中に敷設したのである。

これら東シナ海への機雷敷設作戦は日本軍としては未曾有の規模のもので、対ソ連作戦用として対馬海峡に敷設を予定していた二万個の機雷さえもこれに投入してしまっている。ただし、使用された機雷のうち、九三式は日本海軍の現用機雷だったが、その他の6号2型機雷は一九三三年の採用、5号改1は一九三四年の採用といく分旧式なものであった。

それはともかく、沖縄近海には一九四五年一月当時、すでに日本海軍により上述のように対潜機雷原が設けられており、「ソードフィッシュ」がこれにひっかかって失われたことは可能性として十分に考えられる。

もう一つの可能性としては日本の対潜部隊の攻撃がある。これについて米側の資料を見てみると、潜水艦「キート」が一月十二日、沖縄本島の北西方で日本側のものと思われる爆雷の爆発音を聞いている。その付近は「ソードフィッシュ」の行動海域であり、爆発音が「ソードフィッシュ」の最期であったのかとも思われるが、日本側の記録では一月十二日にこれに該当する対潜戦闘は行なわれていない。一方、一九四四年十二月から一九四五年一月にかけて、佐世保鎮守府を主力としてS1作戦と呼ばれる大規模な対潜掃討作戦が行なわれているが、作戦海域は九州西方の東シナ海で、沖縄からは遠く、つぎのS2作戦は沖縄方面で行なわれているものの期間は一月二十一日から三十一日までで、そのときには「ソードフィッシュ」はすでに喪失と推定されているので、これもまた「ソードフィッシュ」の最期には該当しない。

このように「ソードフィッシュ」の喪失原因については明確な決め手がなく、不明のままである。艦長K・E・モントローズ中佐以下八九名の乗組員は全員行方不明となった。なお、沖縄方面での米潜水艦の喪失は、一九四四年二月、沖縄の陸上基地から発進した日本海軍機により撃沈された「グレイバック」以来、一一ヵ月ぶりのことであった。

㊾ポーパス（英）／一九四五年一月十一日？

〈駆潜艇9号または天山艦攻による〉

一九四四年十一月の「ストラタジェム」に続き、英海軍は一九四五年にもう一隻の潜水艦を極東で失っている。「ポーパス」である。

「ポーパス」は排水量一五〇〇トン、一九三二年の竣工で、五三センチ魚雷発射管六門を艦首に持つほか、機雷五〇個を船殻上部に搭載する機雷敷設潜水艦であった。「ポーパス」は一九三九年、第二次大戦勃発時には地中海艦隊にあったが、すぐに本国艦隊に戻ってノルウェー方面の作戦に参加し、その後一九四一年にまた地中海と転戦している。一九四四年からは東洋艦隊の所属となり、潜水母艦「メイドストン」を旗艦とする第八潜水戦隊の一艦として、セイロンから行動していた。同年八月、第八潜水戦隊は、「ストラタジェム」の項で記したようにオーストラリアのフリーマントルに進出し、九月十一日にフリーマントルから初の出撃を行なったのが「ポーパス」だった。

「ポーパス」のこの出撃はコマンド部隊によりシンガポールを奇襲するという特殊なものだった。「ポーパス」は、陸軍ハイランド師団のライアン中佐以下二四名のコマンド隊員とその兵器、装備など八・五トン、「スリーピング・ビューティ（眠れる森の美女）」と呼ばれる一人乗りのカヌー一三隻を搭載して出航した。この種のコマンド攻撃は一年前の一九四三年九月二十七日にも、英・豪連合部隊がシンガポールに対して行なっており、そのときは喜山丸（五〇七七総トン、宮地汽船）、白山丸（二一九七総トン、巴組汽船）を撃沈している。そ の成功にちなんでの今回の作戦だった。「ポーパス」はシンガポールへ向かう途中、ジャンクを捕獲し、コマンド部隊はこのジャンクに移乗してシンガポールに侵入することになった。ところが、このジャンクは日本海軍に捕獲され、捕虜となったコマンド隊員は全員処刑されて、コマンド部隊によるシンガポール奇襲作戦は失敗に終わってしまった。

チの機雷である。

「ポーパス」はその後、二回の出撃を行ない、一九四五年一月三日、極東での四回目の戦闘任務に出撃した。今回の任務はマラッカ海峡への機雷敷設であった。「ポーパス」にとっては本領を発揮する機会であった。使用するのは前大戦末期の重量三二〇キロ、直径五五センチの機雷である。

一月九日、「ポーパス」はペナン沖二ヵ所に機雷敷設を終えた旨をフリーマントルの司令部に報告した。しかし、その後「ポーパス」からの連絡は一切途絶えてしまい、一月十六日にいたって喪失と認められたのである。

「ポーパス」の喪失の原因も明確でない。ただ、一九四五年一月のマレー方面での日本海軍の対潜部隊の記録にはそれらしいものを見ることができる。

当時、マレー半島のペナンには、シンガポールに司令部を置く第一南遣艦隊下の第十五根拠地隊が配置されていた。第十五根拠地隊には第十一駆潜隊が所属しており、その兵力は駆潜艇7～9号、および34号と35号、さらに特設駆潜艇宮古丸、若竹丸であった。

このうち駆潜艇9号は開戦以来、マレー、仏印、シンガポール方面に配属されていたベテランで、マレー近海は長年のホームグラウンドであった。一九四五年一月十一日、駆潜艇9号は午前四時六分、ペナンの南東で潜航中の潜水艦を発見し、爆雷を投下した。やがて現場付近の海面に、燃料油が幅一〇〇メートル、長さ七〇〇〇メートルにわたって浮いているのが確認された。9号は一月十六日の夜六時十五分にも爆雷一〇個、のちもう二七個を投下した。駆けつけた魚雷艇（第二十一魚雷艇隊）とともに油を確認している。

これが「ポーパス」の最期かとも考えられるが、同日、付近で別の対潜作戦が行なわれており、そちらでも敵潜水艦に攻撃が加えられている。一月上旬から中旬にかけて、第十五根拠地隊の指揮の下にマラッカ海峡対潜掃討作戦（M5作戦）が行なわれた。これには第一海上護衛隊付属の第九三六航空隊と第十五根拠地隊の第十三航空隊が、さらに第三三一航空隊の三個航空隊が投入された。

このうち第三三一航空隊は一九四三年七月に九州の大分で零戦と九七艦攻を装備して開隊された部隊だが、この当時、艦攻は新鋭の「天山」を使用するようになっていた。一月十一日、第三三一航空隊の「天山」がペナン西方一〇〇海里で浮上中の敵潜水艦を発見した。潜水艦はすぐに潜航したが、「天山」はこれを爆撃、多量の重油が海面に浮上したのを確かめている。

確かなところは不明だが、「ポーパス」はこの攻撃で撃沈されたことも考えられないことではない。あるいは駆潜艇9号の爆雷で損傷した「ポーパス」を「天山」が爆撃し、ついに引導を渡したこともあり得る。しかしいずれにしても確たる証拠はなく、「ポーパス」の最期は不明のままとしておくほかにはないようである。「ポーパス」の乗組員は艦長H・B・ターナー少佐以下約六〇名。全員戦闘中行方不明となった。

なお、駆潜艇9号は太平洋戦争を生き延び、本土で終戦を迎えた。戦後は中国に接収されて「閩江（ミンチャン）」に改名されている。

マラッカ海峡で失われた連合軍の潜水艦は米「グレナディア」、英「ストンヘンジ」、英「ストラタジェム」に加えて、「ポーパス」で四隻目であった。

＊

ある。第二次大戦最後の年の一九四五年に入っても、その余韻があったのか、日本海軍は引き続き連合軍潜水艦をしとめており、このころになって、やっと効果的な対潜戦闘を行なうことができるようになったのである。

一九四四年の秋に日本の対潜スコアが最高の成績をあげたことは、すでに述べたとおりで

㊿バーベル（米）／一九四五年二月三日〜四日
〈九七艦攻？による〉

アメリカ海軍の潜水艦「バーベル」は、おなじみガトー級の一艦で、一九四四年四月に就役した。就役後約一年という新鋭艦にもかかわらず、すでに日本商船六隻を沈めていた。なお、この「バーベル」のつぎの艦SS317は「バーベロ」といい、「バーベル」と非常にまぎらわしい艦名であった。

「バーベル」は一九四五年一月五日、オーストラリアのフリーマントルから四回目の哨戒任務に出撃した。まず訓練を行ないながら、北方のエクスマス湾へ向かい、一月八日、同地で燃料を補給して哨区へ向かった。「バーベル」はスラバヤ東方のロンボク海峡を北へ抜け、ジャワ海からさらにカリマタ海峡を通って南シナ海へ進出した。一月二十七日、「バーベル」は僚艦「パーチ」および「ガビラン」と狼群を組んで、バラバク海峡の西とパラワン水道の南側の入り口を哨戒するよう命令を受けた。二月三日に「バーベル」は、付近の僚艦「ツナ」「ブラックフィン」「ガビラン」のチーム宛に、「連日、日本機多数に接触され、爆雷攻撃三回を受けた」旨の通信を送ってきた。そして翌日の夜に、さらに追加の情報を送

信すると言ってきたのだが、「バーベル」からの連絡は、それきり途絶えてしまった。「ツナ」は二月三日、過去四八時間「バーベル」と接触することができなかったと司令部に報告し、翌日洋上で「バーベル」と会合するよう位置を指示された。しかし二月七日、会合点には「バーベル」の姿は現われず、「ツナ」は捜索の断念を報告した。

日本側の記録を見ると、二月四日、ボルネオの北方またはパラワン島南西の海上で、海軍航空機が敵潜水艦を攻撃、二五〇キロ爆弾二発を投下し、うち一発が艦橋付近に命中、潜水艦はそのまま沈没したという記録がある。この記録は日付、場所とも「バーベル」の喪失に符号し、おそらくこれが「バーベル」の最期であったことは、まず間違いなさそうである。「バーベル」を撃沈した海軍機はラブアン派遣隊の所属機である。「バーベル」が僚艦に通信した「三回の爆雷攻撃」というのも、一月三十一日、二月一日の両日に、やはりラブアン派遣隊の機が敵潜水艦に爆弾を投下したことと符号する。

ラブアン派遣隊は、ボルネオ北岸ミリの北東に浮かぶ小島、ラブアン島に置かれた航空隊である。一九四五年初めには、八〇〇～九〇〇番代の番号をもつ航空隊もつぎつぎに統合、廃止されており、当時の戦時日誌や戦闘記録を見てもこの時期には欠けているものが多い。そのミリにも海上護衛総隊所属の第九〇一航空隊の九六式陸上攻撃機が配置されていたが、このころには兵力を維持できなくなり、ほとんど撤退していたようである。

ラブアン派遣隊は、豪北派遣隊（もとの第七六一航空隊の一部）からさらに分遣されて、一九四四年九月から進出していた部隊で、陸軍が設営・管理していたラブアン飛行場から攻撃機を作戦させていたのである。このころ、海軍の攻撃機の主力は「天山」になっており、後方部隊や対潜警戒には旧式な九七艦攻が用いられていたので、ラブアン派遣隊もおそらく九七艦攻を使用していたものと思われる。

「バーベル」の乗組員八一名は、艦長コンデ・L・ラゲット中佐以下全員が戦死した。

(51)キート（米）／一九四五年三月二十日？
〈日本潜水艦または機雷による〉


「バーベル」のつぎに失われた「キート」もまたガトー級の一艦であった。就役したのは一九四四年七月のことで、まだ艦齢一年にも満たない新艦だけに、戦闘航海は一回しか経験がなく、日本艦船撃沈の成果もあげていなかった。一九四五年三月一日、「キート」はグアム島から二回目の戦闘航海におもむいた。

マリアナ諸島のグアム島は、一九四四年七月に米軍が上陸して、八月に奪取している。その後早くも十月二十日には米海軍基地が設営され、つぎつぎに部隊が進出、一九四五年一月には、太平洋艦隊潜水艦部隊司令部もハワイからグアムに移動したのである。司令官はチャールズ・ロックウッド中将、旗艦は潜水母艦「ホランド」であった。従来、太平洋艦隊潜水艦部隊の所属艦はハワイを出撃して、途中ミッドウェーで燃料を補給してから哨区におもむいたのだが、グアムを基地とすれば、哨区までの往復に要する期間が大幅に短縮されることになるのである。

「キート」の担当哨区は沖縄～九州間の南西諸島近海であった。通常の艦船攻撃とあわせて、天候報告や、第五八機動部隊の艦載機が攻撃の際に、不時着水した場合の乗員救出という任務も与えられていた。三月十日、「キート」は奄美大島の北西一二〇海里で、カナ八〇三船団を襲撃し、三喜丸（二四七三総トン、大阪商船）、慶山丸（二一一六総トン、興国汽船）、道灌丸（二二七〇総トン、日本郵船）の三隻を撃沈した。この中には特攻艇「震洋」を沖縄へ輸送中の船も含まれていた。

護衛にあたっていた海防艦44号、118号が反撃したが、「キート」を取り逃がしてしまった。その後三月十四日の夜、「キート」はさらに小型の電纜敷設船に雷撃を加えたが、これは命中しなかった。「キート」の魚雷残数が少なくなったため、三月二十日に哨区を離れ、ミッドウェー経由でパール・ハーバーに帰投して船体の整備を受けるよう命令が発せられた。三月十九日、「キート」はこの命令の受信を確認したことを報告し、さらに三月二十日に奄美大島の北東から気象情報を送ってきた。

しかし、これが「キート」の最後の通信となり、到着予定の三月三十一日になっても「キート」はミッドウェーに帰投せず、四月十六日まで何の接触も得られなかったため、喪失と判断された。

日本側の戦史を見ても、この時期にこの方面での連合軍の潜水艦に対する戦闘は記録されておらず、「キート」の喪失原因は明らかでない。ただつぎの二つの可能性が考えられる。

その一つは、日本潜水艦による雷撃である。一九四五年三月、日本海軍の第六艦隊は、潜水艦数隻を沖縄方面に出撃させている。そのうち呂四一、呂四九、呂五六の三隻は三月十八日に、二日後の三月二十日には伊八が出撃しており、一日ないし二日あれば「キート」の担当哨区である奄美大島付近にまで進出できる。「キート」がこれらの潜水艦のどれかに雷撃され、撃沈されたことも考えられないことではない。

上記の四隻の潜水艦は、いずれも沖縄戦で失われていて、「キート」を撃沈したものの報告できないうちに沈められてしまった、という可能性がある。呂四一は三月二十三日まで、呂四九は三月二十五日まで、また伊八は三月三十一日までは健在であったことが確認されている。

もう一つは、日本側の機雷に接触した可能性である。アメリカ側の文献では「『キート』が三月二十日に気象情報を送ったときの位置は、すでに日本側機雷礁の東側であり、『キート』はミッドウェーに向かうことになっていたのであるから、その後ふたたび、機雷礁のある西に向かったとは考え難い」と記している。

この機雷礁とは、先に「ソードフィッシュ」のところで触れた、南西諸島の機雷礁のことと思われる。しかし、二月二十七日に敷設艦「常盤」、敷設艦高栄丸（もと高千穂汽船、六八〇三総トン）の二隻が、海防艦22号、29号、68号の警戒のもとに、屋久島の南方に機雷一〇〇〇個を敷設しており、三月二十日には「キート」の行動海域にも機雷礁が設けられていたのである。その点を考えると、むしろ潜水艦の雷撃よりも機雷の方が可能性としては高いかも知れない。

だが、いずれにしても「キート」の最期については確証はなく、結局、原因は不明とするしかないようである。「キート」の乗員はE・アッカーマン中佐以下八七名全員が戦闘行動中行方不明となった。

(52)トリッガー（米）

〈海防艦「御蔵」／一九四五年三月二十七日および33号、59号による〉

「バーベル」「キート」につづいて失われたのは、同じガトー級の「トリッガー」である。「トリッガー」はガトー級一九五隻（完成）のうちの二六番艦で、開戦前の一九四一年十月に進水したベテランであり、すでに駆逐艦「沖風」、敷設艇「那沙美」、特設潜水艦母艦靖国丸（もと日本郵船、一万一九三三総トン）など一七隻の日本艦船を沈め、空母「飛鷹」にも魚雷を命中させていた。

アメリカ側の資料では、電纜敷設艇「大立」も「トリッガー」の戦果に含まれていたが、「大立」は第三八機動部隊の艦載機によって撃沈されたもので、「トリッガー」喪失と同じ海域で「大立」が沈み、しかも他の米潜水艦で撃沈を主張するものがなかったため、「トリッガー」が失われる前日に撃沈したものと考えられたのである。

「トリッガー」は一九四五年三月十一日、グアム島を出撃し、南西諸島付近の哨区へ一二回目の戦闘航海に向かった。「トリッガー」の任務は、艦船攻撃のほか、呉に停泊している日本艦艇を攻撃する第三八機動部隊の艦載機の不時着水した乗員の救出にもあたることになっていた。三月十八日、「トリッガー」は第三筑紫丸（二〇一二総トン、三井船舶）を撃沈し（一説では米軍機の攻撃で沈められたともいう）、三月二十六日には気象情報を送ってきた。

潜水艦隊司令部では、「トリッガー」に対して、豊後水道の南方へ急行の上、「シードッグ」と「スレッドフィン」と合流してチームを組むよう命令した。米海軍ではウルトラ情報により、日本の有力な船団、あるいは艦隊が豊後水道を通過することを察知し、「シードッグ」の艦長を指揮官とする狼群を監視と攻撃にあたらせることとしたのである。

米軍が察知した艦隊とは、戦艦「大和」と第二水雷戦隊にほかならない。これらは四月に予想される沖縄戦に備え、呉から佐世保に進出することとなったのである。関門海峡を通れば佐世保へは近いのだが、狭い水道を巨艦が通過するのは触雷の危険があり、「大和」以下は呉から豊後水道を南下して九州南端を迂回する航路を採ることとなったのである。

呉防備戦隊は大兵力を投入して、「大和」以下の前路警戒を行なうこととなった。その兵力は第一〜第三掃討隊の艦艇と佐伯航空隊の磁気探知機を装備した航空機八機（対潜哨戒機「東海」および零式三座水上偵察機）および電探装備機二機である。このうち第一〜第二掃討隊は特設駆潜艇五隻ずつよりなり、第三掃討隊はまだ錬成中のため第三特別掃討隊と呼ばれ、海防艦59号、65号、「男鹿」「目斗」および第三十四掃海隊（特設掃海艇三隻）から編成されていた。ほかに第一護衛艦隊の海防艦「御蔵」、33号も豊後水道へ進出することとなった。

第三特別掃討隊の海防艦四隻は、59号艦長の指揮の下に三月二十七日、佐伯を出港した。豊後水道の水ノ子島灯台の南方で、単横陣に展開し、各艦の距離三、四海里をとった。横陣は対潜掃討に適した隊型である。四隻は横陣のままジグザグ航走しつつ真南に向かった。

午前十時二十七分、佐伯航空隊の磁気探知機を装備した航空機が、豊後水道南方で潜水艦を探知した。さらに午後十二時ごろ、四隻に第一護衛艦隊の海防艦「御蔵」と海防艦33号が合流し、海防艦59号の西一〇〇〇メートルの位置について単縦陣を組んで、航空機から連絡のあった潜水艦の位置に急行した。

横列の東側にあった海防艦がまず最初に潜水艦を捕捉し、午後一時ごろ爆雷攻撃を開始した。攻撃に用いた爆雷は三式爆雷。沈降速度を早めて、敵潜水艦に回避時間を与えないよう流線型にしたもので、海防艦に優先して搭載されていた。やがて爆雷投下海面に大きな噴煙二つが上がるのが視認された。

アメリカ側では三月二十八日、「シードッグ」が「トリッガー」と連絡がとれないことを報告してきた。司令部では三十日に「シードッグ」の狼群を解散させ、「トリッガー」には別の任務を与えて、命令受領の確認連絡をもとめることとした。しかし、なおも「トリッガー」からの通信はなく、司令部はさらに「トリッガー」に対して四月四日にミッドウェーに帰投するよう命令した。「トリッガー」は五月一日になってもミッドウェーに到着せず、喪失と判定された。

「トリッガー」の行動海域と時期を、日本側の戦闘記録と対照すると、やはりこの第三特別掃討隊の戦果が、「トリッガー」の撃沈であると考えて良いようである。「トリッガー」の艦長デビッド・R・コノール中佐以下八九名の乗員は、全員戦死となった。

こうして米潜水艦撃沈に関与した、海防艦「御蔵」と33号は、三月二十八日午後、米第三八機動部隊の艦載機に捕捉され、撃沈されてしまう。一方「大和」と第二水雷戦隊はこのころ、すでに呉を出港して南下を開始していたが、米軍機の接近の報により佐世保への回航を中止した。もし「大和」がもう少し早く呉を出港していれば、豊後水道の南方で米艦載機の攻撃にさらされていたかもしれない。

この第三特別掃討隊の戦闘のように、多数の対潜艦が集中して潜水艦に攻撃を加えるのが、一九四四年末以降の対潜戦闘の特徴となった。また、磁気探知機が台湾海峡のみならず本土周辺でも、遅ればせながら戦果を見せはじめたのも、このころのことである。

「トリッガー」についで米海軍は、「ランセットフィッシュ」を二月二十日に失っている。しかしこれは完成前に事故により沈没したもので、そのまま浮揚を断念して放棄されたのである。

(53)スヌーク（米）／一九四五年四月十二日～二十日？
〈日本軍機または海防艦による〉


一九四五年四月に入って、さらにもう一隻、ガトー級が失われる。「スヌーク」である。

「スヌーク」は「バーフィッシュ」「バング」とともに一九四五年三月二十五日、グアム島を出撃した。哨区は南シナ海、海南島東方で、「スヌーク」にとっては九回目の戦闘航海であった。しかし「スヌーク」だけは故障のためグアムに引き返し、三月二十八日に修理のうえ再度出撃した。

「スヌーク」はその後、命令どおり連日、気象情報を送信してきたが、四月一日、気象通報を中止して、「ティグロン」を先任艦とする「バング」「バーフィッシュ」の狼群に合流するよう命令を受けた。これら三隻は航空乗員の救助任務を与えられ、まだ本来の艦船攻撃は行なっていなかったのである。

グアム島の司令部が「スヌーク」と交信したのは四月一日が最後だったが、狼群指揮艦の「ティグロン」は四月八日まで「スヌーク」と接触していた。四月十日、司令部は「スヌーク」にルソン海峡へ向けて東進するよう命令、二日後の四月十二日には、今度は咲島諸島付近で英機動部隊の攻撃に際して、航空乗員の不時着救助任務につくことを下命した。これに対して「スヌーク」から応答はなかったが、この命令は受領確認を求めるものではなかったので、応答しなかったことにだれも疑念を持たなかった。

しかし、四月二十日、英機動部隊から、「スヌーク」の担当海域で一機が不時着水したが、「スヌーク」と連絡が取れない、という報告があった。潜水艦部隊司令部では「スヌーク」に英機の乗員の捜索と命令受領の確認を求めたが応答はなく、「バング」を派遣して英乗員の捜索および「スヌーク」との会合にあたらせることにした。「バング」は英乗員三名を救助したものの、「スヌーク」の姿を見つけることはできず、結局五月十六日に「スヌーク」は喪失したものと判断された。

アメリカ側の資料では「スヌーク」の沈没原因を、日本潜水艦の雷撃ではないかと推測しているものがあるが、確証はない。日本側の記録を見ると、該当すると思われる戦闘を二件拾い出すことができる。ひとつは、海軍第九五一航空隊から東シナ海の舟山列島に分遣されていた部隊の航空機が、咲島諸島の付近で、敵潜水艦を攻撃している記録である。第九五一航空隊は、それまでの佐世保航空隊、沖縄航空隊、鎮海航空隊、第四五三航空隊、第二五六航空隊を統合して一九四四年十二月十五日に編成された。この部隊の舟山列島派遣隊に所属する、磁気探知機装備の零式三座水偵五機および対潜哨戒機「東海」が四月九日、タモ五三船団を攻撃した敵潜水艦を発見、これに攻撃を加え、多量の油が海面に流出するのを確認している。

また、その五日後の四月十四日、舟山列島の付近で敵潜水艦が発見され、急行した海防艦

「沖縄」と第二十二海防隊の海防艦8号、32号が、爆雷攻撃を加えている。この二件のうち、さきの航空機の攻撃の方が、位置などの点から可能性が高いようにも思われるが、どちらも「スヌーク」の最期として確実なものではなく、「スヌーク」の喪失原因は不明とするしかないようである。

「スヌーク」の乗員八四名は艦長J・F・ウォーリング中佐以下全員が失われた。

*

一九四五年四月を過ぎると、日本の敗北はもうおおいようがなかった。この絶望的な戦況の中で、日本海軍はアメリカ潜水艦三隻を撃沈し、イギリス潜水艦一隻を撃破しているが、もちろんすでにこの程度の戦果では、戦争の大勢に何の影響も与えることはできなかった。とにかく、これらの戦果は、アメリカの潜水艦作戦によって敗戦に追い込まれた日本が見せた、最後の抵抗の一つでもあった。

(54)ラガート（米）／一九四五年五月三日？

〈敷設艦「初鷹」による〉

「ラガート」はお馴染みガトー級の一隻であるが、かなり後期の建造艦である。一九四五年二月、「ラガート」は一回目の出撃で、「回天」を搭載し沖縄へ向かっていた伊三七一を撃沈している。しかし「ラガート」はつぎの出撃で生命を落とす運命だったのである。

四月十二日、「ラガート」はフィリピンのスビック湾から南シナ海の哨区へ出撃した。第七艦隊に所属する潜水艦は、従来はオーストラリアのフリーマントルを基地としていたが、日本軍がしだいに後退するにつれ、より哨区に近い占領地に基地が移されることになった。一九四五年一月、アメリカ軍がルソン島を占領すると、オーストラリアにあった潜水艦部隊の一部は、マニラ湾のスビック湾に移動したのである。

「ラガート」は五月二日、シャム湾内で僚艦「バヤ」と交信した。「バヤ」から、タンカー一、補助艦艇一、駆逐艦二からなる日本船団の存在を伝えられた「ラガート」は、「バヤ」とともにこの船団の攻撃にあたることとした。二艦は船団に接近を試みたものの日本駆逐艦に発見され、砲撃を受けて撃退されてしまった。「ラガート」と「バヤ」は五月三日の朝、会合し、再度船団を攻撃するべく、襲撃方法の打ち合わせを行なった。その結果、「ラガート」は午後二時から潜航のまま船団に接近、「バヤ」は船団から九海里～一三海里の距離を保って追跡することとなった。

五月四日午前零時十分から「バヤ」は、幾度か船団に攻撃をかけたが、そのつど撃退された。そして「バヤ」にはもはや、「ラガート」からの通信は入らなくなっていた。「ラガート」は前日、「バヤ」と幾度か交信したのを最後に消息を絶ち、のちに喪失と判定された。

アメリカ側の資料では、「ラガート」を撃沈したのは敷設艦「初鷹」であろうとしている。同艦は当時、第一南遣艦隊（司令部シンガポール）、の第九根拠地隊（スマトラ北西サバン）に所属し、シンガポール、スマトラ、サンジャック、ペナン方面で補給輸送および船団護衛に従事していた。

おそらく「バヤ」が報告した船団護衛の駆逐艦二隻のうち一艦がこの「初鷹」だったのであろう。「初鷹」はこれからわずか一二日後、やはり船団護衛中にマレー半島沖で、米潜水艦「ホークビル」により撃沈されており、そのため「ラガート」撃沈の戦闘については詳細な記録が残っていない。敷設艦の対潜戦果としては、「津軽」がバラバック海峡に敷設した機雷によると思われる「ロバロ」や「フライアー」があるが、「初鷹」の場合は、直接戦闘を交えて撃沈したことになる。「ラガート」は艦長フランク・D・ラタ中佐以下八七名が全員戦闘中行方不明となった。

〈番外〉テラピン（英）／一九四五年五月十九日？
〈船団護衛艦？による〉

イギリス潜水艦「テラピン」は、第二次大戦中、戦闘で損害を受けた最後の英潜水艦となった。「テラピン」は撃沈にはいたらなかったものの、大破全損として処分されているので、ここに番外として紹介する。

五月三日、「テラピン」はオーストラリアのフリーマントルから、ジャワ海西方の哨区へと出撃した。同艦がオーストラリアの基地から作戦するのは、これが最初であった。

五月十九日、「テラピン」は日本の小船団を発見、潜航深度一八メートルで攻撃したが、日本側の護衛艦からの反撃は激しく、「テラピン」は一〇個の爆雷攻撃を受け、さらに五時間も追跡され、午後七時になってようやく浮上することができた。このとき「テラピン」から四五〇〇メートルほどの距離に日本の護衛艦がいたが、同艦は「テラピン」を発見することができず、「テラピン」はからくも逃げのびたのだった。この護衛艦の艦名は不明だが、哨戒艇（旧式駆逐艦の発射管を取り除いたもの）か駆潜艇である。「テラピン」の損傷は甚大で、無線機も使用不能になっており、作戦を中止してオーストラリアに帰投せざるを得なくなった。

二日後、「テラピン」は洋上で米潜水艦「カバラ」——マリアナ沖海戦で空母「翔鶴」を撃沈した艦——と遭遇した。「カバラ」も作戦を打ち切って、「テラピン」を護衛してオーストラリアへ帰投することとした。

さて、無事オーストラリアに帰着した「テラピン」ではあったが、損傷はかなり激しく、また戦争の帰趨も明らかであったため、「テラピン」は修理せず、大破全損として五月十九日付で破棄され、翌年イギリス本国のトルーンで解体された。

なお、「テラピン」は一九四五年三月四日にスマトラ沖で、日本の駆潜特務艇5号を浮上砲撃によって撃沈している。英海軍が日本との戦闘で失った潜水艦は、撃破と大破全損合わせて五隻にのぼった。

⑤⑤ボーンフィッシュ（米）／一九四五年六月十九日
〈海防艦「沖縄」、その他の海防艦による〉

日本海軍が太平洋戦争で撃沈した最後の敵潜水艦はアメリカの「ボーンフィッシュ」である。「ボーンフィッシュ」はガトー級の一二番艦であった。

米海軍は、これまで三回にわたって潜水艦を日本海に侵入させ、作戦を実施していた。これらはいずれも二〜三隻ずつの兵力で、侵入航路も北海道の北、宗谷海峡を通るものであった。一九四五年六月、米海軍は潜水艦九隻を一挙に日本海に侵入させ、行動させる作戦を実施した。これらの潜水艦は「ヘルキャット」隊と称され、三隻ずつの三群に分けて、西側の対馬海峡を突破して日本海に入ることとされた。「ヘルキャット」隊の潜水艦は新開発のFMソナーを装備しており、このソナーは機雷の探知も可能であったので、日本海への侵入もそれだけ容易になったのである。

「ヘルキャット」隊三群のうちの一つに、「タニー」「スケート」、そして「ボーンフィッシュ」からなる一群があった。このグループは一九四五年五月二十八日にグアム島を出撃した。「ボーンフィッシュ」は今回が八度目の戦闘航海で、これまでに一二隻、六万一三四五総トンを沈めており、米潜水艦中二二位の撃沈トン数であった。「ボーンフィッシュ」の戦果の中には、一九四四年五月の駆逐艦「電」の撃沈も含まれている。

「ボーンフィッシュ」は無事に対馬海峡を通過し、日本海に入り、六月十六日に「タニー」と会合、大型輸送船一隻と中型貨物船一隻の撃沈を報告した。二日後の朝、「タニー」はふたたび「ボーンフィッシュ」と会合した。今度は「ボーンフィッシュ」は富山湾での白昼潜航哨戒を行なう許可を求めてきた。「タニー」はそれを許可し、「ボーンフィッシュ」は新しい哨区へ向かった。これがアメリカ側が「ボーンフィッシュ」を見た最後となった。

「ヘルキャット」隊の他の潜水艦は六月二十三日の日没後、翌日にそろって宗谷海峡を抜けて帰投すべく、利尻島北西に集結した。しかし集合海面に「ボーンフィッシュ」は姿を見せず、「タニー」は宗谷海峡通過後も六月二十五日〜二十六日の両日、海峡東側で「ボーンフィッシュ」を待ちつつ、同艦との交信を試みたが消息はつかめなかった。「ボーンフィッシュ」が何らかの理由で、当時まだ日本に対しては中立だったソ連の港に入港した可能性も調査されたが、そちらにも「ボーンフィッシュ」は現われておらず、七月三十日、喪失と判定された。

「ボーンフィッシュ」の喪失状況は、戦後、日本側の対潜戦闘記録をアメリカ側が調査した際に明らかになった。

海防艦「沖縄」、海防艦207号、63号よりなる第三十一海防隊は六月十五日、富山湾沖で対潜掃討作戦を遂行していた。六月十九日、坤山丸（五四八八総トン、興国汽船）が七尾湾で雷撃により撃沈された、という報告がもたらされ、第三十一海防隊はただちに現場に急行した。同隊は坤山丸の生存者を発見することはできなかったが、海防艦「沖縄」は、水中探信儀で潜水艦のエコーをとらえた。「沖縄」の三式水中探信儀は〝故障三式〟とあだ名されるほど信頼性の低い装置だったが、海軍最後の対潜戦果を上げるこのときには、うまく働いたようである。

「沖縄」は爆雷の爆発深度を九〇メートルと一二〇メートルに調定し、投下した。海防艦207号と63号もこれに続き、さらに七尾から舞鶴へと向かう途中だった第十一海防隊所属の海防艦75号、やはり付近にあった第五十一戦隊所属の海防艦158号も第三十一海防隊の戦闘に加わった。五隻の海防艦の集中攻撃ののち、海中よりの探信儀の反射音は突然消えた。翌日、現場の海面にはコルク片と長さ数キロメートルにおよぶ重油の帯が認められた。

この戦闘で沈没した潜水艦は、日時と位置から見て「ボーンフィッシュ」に間違いないものと思われる。戦闘に参加した五隻の海防艦には後日、舞鶴鎮守府から感謝状が贈られている。

それから四日後の六月二十三日の朝、奇妙な対潜戦闘が記録されている。第九〇一航空隊の舞鶴派遣隊に所属する水上偵察機が、通常の対潜哨戒任務で能登半島先端の禄剛崎の東南五海里を飛行中、磁気探知機に潜水艦をとらえたのである。同機は信号弾を投下し、さらに二五〇キロ対潜爆弾一発を投下した。さらに舞鶴から七尾湾に向かって付近を航行していた海防艦22号を現場に誘導した。海防艦22号は七時三十五分から爆雷四六個を投下したが戦果は確認されなかった。

六月二十三日には「ヘルキャット」隊の米潜水艦は遠く北方にあり、水偵と海防艦22号が攻撃したものは一体何であったか不明である。磁気探知機の誤認か、あるいはこの海域が十九日に「ボーンフィッシュ」が撃沈された位置のすぐ東にあたるため、破壊された「ボーンフィッシュ」の船体が海流で移動したのであろうか。いずれにしても「ボーンフィッシュ」は、艦長ローレンス・L・エッジ中佐以下八五名の乗員とともに失われたのである。

56ブルヘッド（米）／一九四五年八月六日
〈陸軍九九式軍偵察機による〉

日本軍の対潜戦果の最後となったのは、ガトー級の「ブルヘッド」であった。「ブルヘッド」は七月三十一日にオーストラリアのフリーマントルを出港した。「ブルヘッド」にとっては三度目の戦闘航海だが、過去二回の出撃では、まだ一隻も日本艦船の撃沈を記録していなかった。「ブルヘッド」の今回の哨区はジャワ海。作戦後にはオーストラリアでなく、スビック湾に入港するよう命じられていた。ジャワ海にはほかに「カピテーン」「パファー」、さらに英海軍の「タシターン」「サラー」も配備され、この海域で行動する連合軍潜水艦は合計五隻になる。

「ブルヘッド」が哨区に到着したのは八月六日のことだった。「カピテーン」はさらに遅く、八月十三日に担当哨区に入ったが、それに先立って十二日に「ブルヘッド」に対し、翌日に哨戒線上の配備位置につくよう命令を発した。しかし「ブルヘッド」からの応答はなかった。その後も「ブルヘッド」の消息はつかめず、八月十五日、「カピテーン」は司令部に対し、「ジャワ海に到着して以来、『ブルヘッド』と交信不能である」と報告した。

オーストラリアからジャワ海に入るには、バリ島とロンボク島の間のロンボク水道を通ることになる。バリ島のデンパサル飛行場には、日本陸軍の独立飛行第七十三中隊が一九四五年の二月から配備されていた。この中隊は九九式軍偵察機を装備して、一九四二年には第三飛行団麾下の「豪北部隊」としてチモール島やセラム島方面で活動していたものである。その後一九四四年、第七十三中隊は第四航空軍の指揮下に入り、ネグロス島に配置されたが、レイテの戦闘で兵力を消耗したためシンガポールに撤退、戦力を回復したのち、デンパサルに進出したのであった。しかし、その機数はわずか二機になっていた。

八月六日午前八時三分、第七十三中隊の九九式軍偵は、ロンボク水道に浮上中の潜水艦を発見、六〇キロ爆弾二発を投下して直撃弾を得て、撃沈確実と報告した。また、翌八月七日の午前八時十五分には、海軍の水上偵察機が、前日の第七十三中隊機の攻撃位置よりやや北方に浮上中の潜水艦を発見、六〇キロ爆弾四発を投下し、そのうち二発が至近弾となって少量の油帯が海面に浮かぶのを目撃している。日時や場所の点で、これらが「ブルヘッド」の最期であると考えられる可能性が高い。

しかし、「ブルヘッド」の撃沈に関しては、終戦後の八月十六日のこととする資料もある。それによると、飛行第七十三中隊は海軍の見張所から八月十六日の午前十時ごろ、ロンボク海峡を敵潜水艦二隻が南下中という報を受けた。まだ終戦を知らず、停戦命令も受けていなかった第七十三中隊はただちに九九式軍偵を出撃させた。同機は高度一〇〇〜一五〇メートルで飛行し、浮上中の潜水艦一隻を発見した。軍偵は潜水艦の後方から攻撃しようとしたが、敵艦が潜航を開始したので右斜め方向から進入、六〇キロ爆弾二発を投下、艦首および艦尾の至近弾となった。敵潜水艦はそのまま浮上せず、軍偵は付近の索敵を続けたが、攻撃から三〇分ほどすると、ワーンという水中音とともに黒いものが浮いてきたので、撃沈と推定したとしている。

この記録では、日付こそ違え、場所もロンボク海峡であり、むしろ日付が八月六日と八月十六日を誤記していた可能性も考えられる。これらを総合すると、やはり「ブルヘッド」は陸軍独立飛行第七十三中隊の九九式軍偵により撃沈されたと見るのが妥当のようである。

アメリカの書物では、「ブルヘッド」はSD対空捜索レーダーを装備していたが、バリ島のアグン火山によりレーダーの視界を妨げられ、日本機の接近に気づかなかったのだろうとしている。ブルヘッドの乗員八四名は、艦長E・R・ホルト中佐以下全員が戦死した。

第二部　損傷させた潜水艦

プロローグ

太平洋戦争中、敵潜水艦を損傷させた例は非常に多い。しかし、ここでは相手国側の資料と日本側の記録の一致したもののみを、ピックアップした。つまりどちらか片方のみの戦いの資料はあえて省略した。

なおチェックしても時や場所がやや食い違う場合もある。こちらの方は、記述を簡略化している。

なおまた、「自分が体験し、敵潜水艦を撃沈（?）、あるいは損傷させたのに記載されていない」とお叱りを受けることを覚悟で書いた。ここに記したのは対潜記録の一部であり、決して全部ではない。

また皮肉なことに一番見たいその隊や艦の昭和何年何月分の記録だけスッポリと抜けている場合が多い。

念のため次ページに潜水艦狩りを専門とする駆潜隊の隊名を示している。つぎに対潜作戦に投入された航空隊であるが、三桁の番号（特に九〇〇番台）をもつ部隊と、それぞれの特別根拠地隊自身がもつ水上偵察機による二本立てであった。米英の潜水艦狩りに昭和十七年以降、投入され、本編に登場する航空隊は次ページ表のごとくであった。なお水偵や陸攻の中には、磁気探知機（MAD）の巨大なループ・アンテナを装備したものもあった。あるいはH6型水上見張用レーダーを付けたものもある。だが一般にレーダーや磁気探知機の探知性能が劣っていたり、故障続出というものが多かった。

〈南東方面の駆潜隊〉

ラバウル（ニューブリテン島）

第八根拠地隊下

第二十一駆潜隊

第三十二駆潜隊

第五十六駆潜隊

カビエン（ニューアイルランド島）

第七根拠地隊下

第二十三駆潜隊

第三十二駆潜隊

いずれもラバウルの第八艦隊の下にあり

〈対潜の航空部隊〉

航空隊名	所在地	飛行機
九〇一	高雄、海南島、サイパン、マニラ	九六陸攻、九七式飛行艇
九五四	ダバオ（南フィリピン）、マニラ	九七艦攻
九三四	ハルマヘラ島、アンボン	零式水偵
九〇二	トラック島	〃
九五八	ラバウル、カビエン	〃、零式水上観測機
九三六	ペナン（マレー半島）	〃
九三二	マカッサル（セレベス）	〃
二五四	海南島	九七艦攻
第一南遣艦隊	マレー、シンガポール	零式水偵
第二南遣艦隊	ボルネオ、セレベス、スマトラ	〃
第三南遣隊	フィリピン	〃
第二十一	トラック、カビエン、パラオ	水偵
第三十一	マニラ	〃
第十九	クェゼリン、ヤルート	〃

一九四一年（昭和十六年）

●米潜水艦シードラゴン（一九四一年十二月十日）

アメリカ海軍は、太平洋艦隊、大西洋艦隊のほか、フィリピン・マニラのアジア艦隊の三つに分かれていた。アジア艦隊は他の兵力より劣弱だったけれど、潜水艦だけは二九隻ももっていた。開戦時、日本海軍は台湾からフィリピンを爆撃した。米アジア艦隊は危険を予知し、兵力を中・南部フィリピンへ分散、待避させていた。だが出港の準備がととのわず、米潜水艦二隻がマニラ湾内のキャビテ軍港にあった。開戦二日目、日本海軍は再度、空襲をくり返す。

第十一航空艦隊（航空艦隊と言っても空母ではなく、陸上基地航空隊の大集団である）、第二十一航空戦隊の第一航空隊は、九六式陸上攻撃機二七機を投入して、台湾の台南よりルソン島キャビテを爆撃した。午後二時十分、彼らは六〇キロ小型陸用爆弾を投下、その二発が米潜水艦「シードラゴン」に命中、火災が発生する。これはのちによくでてくる対潜爆弾ではない。同じ時、「シーライオン」は沈没したが（第一部参照）、「シードラゴン」は「シーライオン」の内側にあったので損傷が少なかった。

一発は中央部の司令塔を貫通、一発は後部に命中、四ヵ所に直径七・六〜一五センチもの穴を開けている。一少尉が戦死したが、彼こそ米海軍潜水艦乗りの最初の犠牲となった。掃海艇を改造したミニ潜水母艦「ピジョン」は、自らの危険をかえりみず、燃える「シードラゴン」を救助し、半年後、大統領殊勲章を授与されている。「シードラゴン」はのちマニラからアジア艦隊司令長官ハート大将を乗せてスラバヤまで退却させた。また潜水艦伊四を一九四二年十二月、ラバウルの南で撃沈する。

なお三菱製の九六式陸攻は、日華事変より使われていた双発爆撃機である。大きすぎて空母には乗らないので陸上攻撃機という。太平洋戦争の中期以降は、老朽のため海戦用ではなく、もっぱら輸送機として、あるいは対潜パトロールに使用される。

一九四二年（昭和十七年）

●オランダ潜水艦Ｋ18（一九四二年一月二十四日）

ボルネオのバリクパパンにて損傷。オランダ本国は一九四〇年、ドイツに降伏した。だが極東の植民地にはなおオランダ軍がアメリカ、イギリスとチームを組んで存在していた。オランダ極東艦隊は軽巡三、駆逐艦七、潜水艦一六隻をもっていた。オランダの潜水艦はやや小型だが、当時、めずらしいシュノーケルを実験的に装備するなど技術の面ではすぐれていた。潜水艦は本国艦隊のものＯ、極東艦隊のものＫの文字を番号の前につけていた。本国の降伏後、一部のＯ型潜水艦はイギリスの好意で極東に回航していた。

オランダの潜水艦はアメリカやイギリスのものより小さく、日本の呂号クラスに相当する。日本軍は一九四二年一月、ボルネオ南部の石油産地バリクパパンを占領するため、第四水雷戦隊に守られた船団を送った。これを阻止すべくジャワのスラバヤからＫ18は数隻の米潜水艦とともに北上した。アメリカの四本煙突の旧式駆逐艦四隻も、勇敢にもなぐり込みをかける。

K18はこの海戦を目撃した翌日、第四水雷戦隊旗艦の軽巡「那珂」（西村祥治少将）に対して魚雷一本を発射した。これは命中しなかったが、信管が鋭敏すぎて航走中、爆発してしまう。二本目を発射したのは、ちょうどその時であった。発射しかけた魚雷が例の爆発のショックで発射管に押し戻され、発射管の扉とシールの部分とが壊れてしまう。船団の西方を警戒中の駆潜艇12号（台湾・馬公の第二根拠地隊所属）は、午前六時五十二分、さきの魚雷が艦底を通過したので、K18の潜望鏡に気づいた。12号が爆雷を投下するとK18が艦首を水面に逆立ちさせて沈没するのを目撃した。だが、K18は大きな損傷をこうむりつつも沈没はしなかった。戦場から基地へ帰ることが大変だった。幸いにもK18は米陸軍のボーイングB17四発重爆撃機三機に発見された。これはマランから発進した米第七爆撃団のものであり、バリクパパン沖の日本船団を攻撃した八機のうちの一部だった。B17は友軍の損傷潜水艦を気づかって、頭上をパトロールしてくれた。

四日後、同艦はスラバヤに逃げ帰った。だが同地は日本の陸上攻撃機の攻撃を受け、なかなか思うように修理できない。そのうち日本軍がジャワ島にも上陸、スラバヤ港に迫る。K18は日本軍に捕らえられぬよう三月二日、スラバヤ港内で自沈して果てた。

●オランダ潜水艦K14（一九四二年二月二日）

オランダ潜水艦は開戦後、三ヵ月にしてほとんど全滅してしまう。K18損傷の九日後、損傷したのは同型のK14だった。同艦は去る十二月、ボルネオ北岸のクチン防衛戦で大型タンカー第三図南丸（一万九二〇九総トン、日本水産）を中破させた功績があった。オランダは日本がバリクパパンを占領したのちも、なおスラバヤから潜水艦を北上させ、後続の日本船を沈めようと焦っていた。

さて三隻のオランダ潜水艦K14〜K16は、第三潜水隊を編成した。K14は十二月からずっとボルネオ南岸にパトロールに出ていた。第二航空戦隊の空母「飛龍」と「蒼龍」は、南フィリピンのダバオに在泊中だったが、自己の飛行機だけをバリクパパンに進出させ、つぎの蘭印（オランダ領インド・現インドネシア）進攻に協力させていた。彼らはスラバヤの北方にあるオランダ軽巡部隊の影を求めて、連日のごとく南下した。

二月二日、例の索敵の帰り「飛龍」の九九式艦上爆撃機の一機は十一時十五分、オランダ国旗を揚げて航行中の敵潜水艦を発見した。同機は高度一五〇〇メートルより投弾、敵潜水艦K14の後方から前方へと通りすぎる体勢をとる。敵は「飛龍」機にはまったく気づかない。一発は後方三メートル以内、もう一発は前方五メートルへの至近弾となる。K14は右へ回頭し、あわてて潜航したが、五分後、再度、浮上してきた。もう爆弾はないので報告を受けた基地では、すぐ応援の一機を発進させる。さきに急降下した際、敵乗組員二名が海に落ちたのが認められた。例の応援機も投弾したが五分後、海底から油が噴出するのが認められた。

このK14はなかなかの豪の者であり、ボルネオ北岸クチンの防衛で、日本船団の日吉丸、第二雲洋丸、香取丸を撃沈した殊勲がある。だから、イギリス海軍からDSO勲章をオランダ艦長は受章した。当時、オランダ海軍はイギリス軍の指揮下で行動したからである。K14は損傷後、インドへ逃亡し、修理を受けた。のちジブラルタルを基地としてヨーロッパ戦に参加後、日本が敗北してからスラバヤで除籍されている。しかし、空母「飛龍」機がこのような手柄をたてたことは知られていない。

●米潜水艦パーミット（一九四二年三月十七日）

タヤバス湾。日本軍は南フィリピンのダバオから蘭印に進攻した。この船団を襲おうと二月、ジャワより米潜水艦「パーミット」が出撃する。第六駆逐隊の「暁」「響」「雷」はあわてて潜航しかけた「パーミット」を発見、合計四個の爆雷を投下した。司令塔のガスケット（パッキング）がはがれ、浸水が起こった。だが「パーミット」は戦闘航海を続けることができた。

「パーミット」は大戦中、日本商船を三隻撃沈する。なお殊勲の駆逐艦「暁」は第三次ソロモン海戦で奮戦、沈没してしまう。「響」は奇蹟のキスカ島撤退に参加。「雷」はルンガ沖夜戦で米重巡に一矢を報いる。

●米潜水艦シーウルフ（一九四二年三月三十一日）

スマトラ南西のクリスマス島泊地、哨戒艇36号（もと駆逐艦「藤」）により損傷。

蘭印作戦の最後はクリスマス島占領である。第四水雷戦隊（西村祥治少将）の軽巡「那珂」は、船団を連れて上陸を指揮する。米潜水艦「シーウルフ」はのち哨戒艇39号（もと駆逐艦「蓼」）ほか、商船一七隻を沈め、第六位のスコアを記録する艦だ。同艦はオーストラリアより出撃、上陸直後の「那珂」に魚雷一本を命中させた。

哨戒艇36号は午後八時半、「那珂」の後方に「シーウルフ」を認め、爆雷一九個を投下した。七時間前には「那珂」自身も六個を投じている。ショックで「シーウルフ」は無電発信機とバルブ破損、右舷後部の発射管室に浸水した。それでも「シーウルフ」は戦闘航海を続けた。なお哨戒艇36号は終戦時まで活躍する。

●米潜水艦ポーパス（一九四二年五月八日）

「ポーパス」はPクラスだから古い船であり、開戦時、アジア艦隊（マニラ）に属していた。スラバヤを経由、オーストラリアのフリーマントルを四月に出撃した同艦は、セラム島アンボンの沖に現われた。ここは日本軍がオーストラリア北西方の小島を占領するのに後方基地となっていたからである。

たまたまアンボンには、運送艦屏東丸（四四六八総トン、大阪商船）を護衛してきた第五十二駆潜隊の第五拓南丸（三四三総トン、日本海洋漁業の捕鯨船）があった。同艦は五月六日、アンボンを出て、付近のモロマへ向かっていたところだった。屏東丸が入港中、第五拓南丸はアンボン港外を警戒していた。「ポーパス」は戦時中、三隻の日本商船を撃沈するが、そのスコアに加えようと第五拓南丸に魚雷を五月八日の午後五時、発射した。

第五拓南丸はこれを回避し、九五式爆雷六個を投下する。捕鯨船を改造した特設駆潜艇は当時、まだ爆雷を一二個しか搭載していなかったから、一度に全搭載数の半分を投下したことになる。特設艦船は投下器しか積んでいないものが多いが、キャッチャー・ボートから改造した特設駆潜艇は、駆逐艦と同じ九四式爆雷投射器一基を積んでいた。そのとき、「ポーパス」は水深五一メートルにあった。爆雷攻撃の衝撃により後部潜舵は動力を失ったので一時、人力に頼らねばならなかった。船体の弁が壊れ、燃料油が後部発射管室に漏れはじめる。多くの電池のうち二つの容器が割れてしまった。だが「ポーパス」は作戦を続けた。

翌年、「ポーパス」は、油漏れがひどくなったので第一線を退き、大西洋岸ニューロンドンの潜水学校の練習艦に格下げされた。なお殊勲の第五拓南丸は戦後まで残存し、飢えた日本国民に鯨肉を送ったのである。

●米潜水艦シルバーサイズ（一九四二年五月十日）

日本本土の東方六〇〇海里。第五艦隊、第二十二戦隊の監視艇第五恵比須丸（一三一総トン、東海遠洋漁業＝焼津のケッチ型帆船で〝かつお〟の一本釣り漁船）により損傷。一九四二年五月十日朝、ハワイからやってきた米潜水艦「シルバーサイズ」と浮上戦を演じた。敵は七・六センチ砲と一二・七ミリ・ブローニング機銃を撃ってきた。第五恵比須丸は九二式七・七ミリ水冷式機銃と三八式歩兵銃で応戦。一時間余の戦いで日本監視艇は大破、戦死者続出。だが「シルバーサイズ」も砲の装塡手の水兵一名が額を撃たれて戦死し、艦橋構造物にも被弾、破口が生じた。なお「シルバーサイズ」はのち、二三隻もの日本商船を沈めて（第五恵比須丸を含まず）第三位のスコアを誇る。

●米潜水艦S42（一九四二年五月十日）

「シルバーサイズ」が特設監視艇と戦って損傷したのと同じ日、旧式なS42はニューブリテン島ラバウルの南にあった。S42は運よく日本の第十八戦隊と遭遇する。その部隊はナウル、オーシャン両島（南東方面）の占領のため、ラバウルを出撃したばかりだった。同隊司令官志摩清英中将は、敷設艦「沖ノ島」に乗って部隊を指揮していた。彼は二年半後、重巡「那智」に乗ってレイテ島スリガオ海峡に突入する人物であることは、言うまでもない。

S42は小型艦だが沿岸防御には使える。同艦は直径五三センチの古いマーク10型魚雷を二本命中させ、「沖ノ島」を撃沈した。第三十二駆逐隊の「夕月」「卯月」は爆雷を投下した。船体はゆすぶられ、敵兵はすっかり疲労困憊（こんぱい）してしまう。爆雷のショックでS42号の水兵一人が気絶した。なお、S42号は「沖ノ島」一隻を沈めただけで老朽のため解役されている。

●米潜水艦グラムパス（一九四二年五月十七日）

第二十七駆逐隊の「時雨」は内地〜カロリン群島トラック島のシーレーンを何回も往復した。珊瑚海海戦で空母「翔鶴」「瑞鶴」を護衛したのち、「時雨」はふたたびもとの任務に戻った。一九四二年五月十七日、「時雨」はトラック島の北水道の北北東三八海里で浮上中の米潜水艦「グラムパス」を発見した。

「時雨」は一二・七センチ砲を射撃する。一弾は「グラムパス」の司令塔後部に直撃となった。潜水艦は背が低いからなかなか砲弾が命中しないものだが、よく当たったと言えよう。それでも「グラムパス」は戦闘哨戒を続けた。なお「グラムパス」は二月、ハワイから出撃してきたものであり、日本海軍の東南方面進出の基地、トラック島を見張っていたところである。「グラムパス」は一年後、ソロモン方面で駆逐艦「村雨」「峯雲」により、あるいは水上偵察機の六〇キロ対潜爆撃によりとどめを刺される（第一部参照）。

駆逐艦「時雨」は翌年、ベラ湾海戦、ベララベラ海戦、ブーゲンビル島沖海戦に参加して、損傷一つ負わぬラッキーな艦となる。

●米潜水艦ノーチラス（一九四二年六月二十八日）

ミッドウェー海戦ののち、ひとまずハワイに帰った「ノーチラス」は、日本本土沖へのパトロールに出た。そして六月二十七日、千葉県の東方で第四水雷戦隊の駆逐艦「山風」を撃沈した。「山風」は青森県大湊から瀬戸内海の柱島基地へ単独航海中だったのである。「山風」が沈むあり様は潜望鏡から写真に撮られ、『ライフ』誌に掲載された。

翌二十八日、「ノーチラス」は晴天の下、「千代田丸」を発見して魚雷三本を発射した。命中はしない。千葉県館山の東南である。「千代田丸」は午後三時二十五分、雷跡二本を発見して回避した。付近にあったのは横須賀防備戦隊の敷設艇「浮島」と駆潜艇13号、14号だった。だが「ノーチラス」は「浮島」を〝巡洋艦か駆逐艦〟と誇大に報告している。

「浮島」らは爆雷一一個を投下した。のち掃海艇17号と館山航空隊の艦上攻撃機二機も潜水艦を追跡した。「浮島」や駆潜艇13号、14号は館山や浦賀から南下、主として相模灘で対潜作戦を行なっていたのである。最初、五発の爆雷が投下されたとき、「ノーチラス」は深度六〇メートルまで潜りかけていた。ところが爆雷のため舵を動かすとイヤな音がしはじめた。対圧船殻の当て切れが三ヵ所で水洩れがしていた。主錨捲き上げ機室（艦首下方）の潜舵指示器が破壊、油圧系に銀でハンダ付けした結合部分も取れてしまう。主エンジンの排気弁は具合が悪くなった。艦長はこれ以上、爆雷を受けたら、もう修理をせねばならないと作戦を中止、ハワイへ帰った。

「山風」撃沈の功績で勲章を授与された「ノーチラス」艦長は、わずか三ヵ月後、再度日本軍に損傷させせられるのである。

●米潜水艦スレッシャー（一九四二年七月九日）

米潜水艦「スレッシャー」は六月、ハワイから出撃した。トラック島からさらに東のクェゼリン島（マーシャル群島）へと延びる、日本海軍の交通線を切断するためである。なお同艦は今回の作戦を終わったらハワイへ帰らず、オーストラリア部隊に〝転勤〟するよう命ぜられていた。このような配置換えはしばしば行なわれる。

たまたまクェゼリンで「スレッシャー」は、出港してきた水雷母艦神祥丸（四八三六総トン）を沈めた。そのとき、直衛の第十九航空隊（のちの第九五二航空隊）の水上偵察機が、六〇キロ対潜爆弾を投下した。午前六時三十二分のことである。第十九航空隊とは一九四一年一月に開隊し、第四艦隊（内南洋を担当）のパトロールに使用されるための兵力である。

被爆したのはクェゼリンの南西二一海里の水域だった。深度二四メートルに隠れ二時間もたつと、また交代の水偵が来て爆弾二発を投下する。じつは「スレッシャー」は海底にすてられていた四つ足の大錨を引っかけてしまい、ノロノロと海中を航行したので、ガリガリいう音を発し、乗組員はどうしたのだろう？ と首をかしげた。主バラスト・タンクからは空気が洩れだした。例の錨のため突如、艦尾が上がったりして、乗組員は狼狽、艦長は一時、秘密暗号書類の焼却を命じたほどだった。最初の爆撃で小穴が生じ、ここから気泡が出て、

「スレッシャー」の所在を日本機に教えていたのである。
なおこの攻撃にはクェゼリンにあった練習巡洋艦「香取」（第六艦隊旗艦）の水偵も協力、参加した。また、「スレッシャー」は太平洋戦争中、日本商船一七隻を沈め、第一四位のレコードホルダーとなる。

●米潜水艦フライングフィッシュ（一九四二年八月二十八日）

米海兵隊第一師団のソロモン群島のガダルカナル島上陸に対し、連合艦隊司令長官山本五十六大将は、戦艦「大和」に乗って瀬戸内海を出、カロリン群島のトラック島に向かった。護送空母「春日丸」（のちの「大鷹」）も駆逐艦三隻と共に同航した。ところが途中、八月二十四日、第二次ソロモン海戦が起こって入港がおくれる。

アメリカ海軍はハワイから五隻の潜水艦をトラック島の付近に配置していた。その中の一隻「フライングフィッシュ」は八月二十八日、「大和」を戦艦「金剛」と見た。同艦は艦首の発射管から直径五三センチのマーク14型スチーム魚雷四本を発射し、アメリカ海軍史上、最初の戦艦に対する魚雷発射だ。これは信管が鋭敏すぎて航走中、爆発する。だが、艦長は命中したと思った。

「フライングフィッシュ」は艦首の残りの二本の発射管から第七駆逐隊を雷撃しようとした。そのとき、上空を旋回していた「大和」の零式三座水上偵察機が六〇キロ対潜爆弾を投下した。このチャンスに第七駆逐隊の「漣」と「潮」が爆雷を投下、前者だけでも何と四五個も消費した。「フライングフィッシュ」の陶器類はショックで割れ、電線の絶縁はたたき壊され、機械類は損傷した。同艦は深く潜って、ただ難を避けるしかなかった。攻撃は二時間も続き、「フライングフィッシュ」の艦尾第七発射管内では、魚雷が発射管の扉にぶつかって損傷、排気弁から水が入って、エンジン室二つに浸水が起こった。とどめを刺しえなかったのは惜しい。

「フライングフィッシュ」は二年後、マリアナ沖海戦に向かう小沢艦隊を発見して有名になる。戦時中、計一五隻の日本商船を沈め、第二〇位（同位四隻）の殊勲を誇る艦である。なお、「漣」と「潮」はスラバヤ海戦でオランダ巡洋艦と戦った艦だ。

●米潜水艦フライングフィッシュ（一九四二年九月二日）

「大和」を雷撃していい気になっていた「フライングフィッシュ」は、五日後もまたや損傷する羽目となった。同艦がトラック島沖の哨区にとどまっていたのは、一ヵ月前にはじまったソロモン群島のガダルカナル島争奪戦で、トラック島が後方基地となったからである。つまり日本の巡洋艦や駆逐艦はトラック島からニューブリテン島ラバウルへ南下、そこからガ島へ向かったからだ。

だからトラック島を見張っていれば、空母の姿さえ見ることができる。同島の第四艦隊、第四根拠地隊では、二個の特設駆潜隊（一個は三隻）と一個の特設掃海隊（四隻）を配し、交代で付近の対潜パトロールや船団護衛をやっていた。

第五十八駆潜隊の捕獲網艇厚栄丸（八六三総トン、甘糖産業汽船）は、他艦と違い、護衛よりも単独で対潜パトロールに出ることが多かった。厚栄丸は毎日、十二時半すぎにトラック島より出港、翌朝の九時半すぎに帰投する場合が多かった。同船は九月二日、「フライングフィッシュ」と遭遇する。潜水艦はわずか六三〇メートルから魚雷二本を発射した。一対一の決闘だ。しかし魚雷は二本ともはずれた。

つぎは厚栄丸の攻撃である。深度四八メートルのとき、最初の三発が頭上に降ってきた。深度九〇メートルに潜ってからも、もう五発が落下し、船体の隙間から一時間四トンの割で後部トリム・タンクに浸水した。後部の潜舵はねじれてしまい、これを動かすのには、二人の水兵が力一杯ハンドルを回さねばならなくなった。第一潜望鏡のケーブルもはがれてしまう。エンジンの空気取り入れ口のパイプと前部電池の結合部分からも水もれがはじまる。「フライングフィッシュ」は、船体の前後の傾きの調整がうまくいかなくなったうえ、航行時、激しい音を立てるようになった。

同艦は作戦を中止してハワイへ戻った。ただ一隻、「フライングフィッシュ」を追いつめた第五十八駆潜隊の厚栄丸も、それから一ヵ月もたたないうちに、トラック島沖で米潜水艦「トラウト」に撃沈された。

●米潜水艦トラウト（一九四二年十月三日）

アメリカ海軍は、大西洋には潜水艦をわずかしか配置せず、主力をハワイに、一部をオーストラリア東岸と西岸とに配置した。もともと、オーストラリア部隊は、マニラから退却してきたアジア艦隊の残党が主だった。当然、兵力は多くない。だがガダルカナル島争奪戦が盛んになると、ハワイから作戦に出た潜水艦に、帰途、オーストラリアへ向かい所属を変えるよう命令されるものがあった。八月、ハワイを出港してトラック島に向かった「トラウト」もその一隻である。ソロモン水域へは、ハワイから南下するより、オーストラリアから北上する方が近いからだ。

さて「トラウト」に対しては、第二十一航空隊（のちの第九〇二航空隊）の零式水上偵察機が六〇キロ小型爆弾一発を投下した。水上機は二五〇キロ対潜爆弾は積めない。最初は潜望鏡を下ろしかけた深度一六メートルのとき、二発目は二四メートルの深さのときだった。九九式六〇キロの対潜爆弾は、信管が不良のものが多く、炸裂しない場合が多かった。深い深度になってから爆発するよう複雑な機構となったのが、いけなかったのだ。そうかと思うと、逆に鋭敏すぎて水面で爆発してしまい、下方の潜水艦は、痛くもかゆくもないこともあった。

しかし、「トラウト」は潜望鏡の筒が二本とも浸水、使用不能となった。

だからともかく、この場合、小型爆弾はうまく爆発したわけである。一人の水兵は猛烈なショックで三段ベッドから放り出されて怪我をし、もう一人は恐怖のあまり動けなくなった。艦内の一人が恐ろしがると、狭い艦内ではパニック状態にもなりかねない。潜望鏡を取り換えるため「トラウト」は作戦を打ち切って、オーストラリアへ向かった。なお「トラウト」は一年後、潜水艦伊一八二を撃沈する。

●米潜水艦ノーチラス（一九四二年十月十二日）

米潜水艦「ノーチラス」は当時、世界最大の潜水艦だった。まだ日本の伊四〇〇クラスはできていないし、「ノーチラス」より大きいフランスの潜水艦「スルコフ」は八ヵ月前、カリブ海で商船と衝突、沈没してしまったからである。同艦はミッドウェー海戦の際、燃える空母「加賀」に魚雷を命中させたが信管の故障で爆発せず、首をかしげた艦だ。

「ノーチラス」は駆逐艦「山風」を含む艦船六隻を沈める。同艦は一九四二年九月、ハワイより日本本土の東北部へ向けて出撃した。同艦は十月、岩手県宮古の南へ現われた。十月十一日の午前七時四十分、大湊航空隊の九四式水上偵察機は、浅く潜っている「ノーチラス」を発見した。横須賀鎮守府部隊の掃海艇17号は、現場に駆けつけ十一時半、爆雷を投下した。

　翌十二日も山田湾から三陸部隊が現場で対潜掃討を続けた。そして第二十五掃海隊が爆雷計一五個を投下した。第二十五掃海隊は六隻の特設掃海艇よりなるが、実際にこのとき、爆雷を投下した艦の名は明らかではない。

　ところが翌十月十三日、京津丸（一三四四総トン、阿波国共同）の船団がたまたま付近を通りかかった。午前五時、京津丸は左舷に魚雷を発見して爆雷を投下する。無線を聞いて横須賀防備戦隊では、第一駆逐隊の「野風」（大湊）、駆潜艇33号、34号（共に横須賀防備戦隊）に対し「宮古の北へ急行せよ」と命令した。

「ノーチラス」が「『天霧』クラスの駆逐艦に爆雷一五個を投下された」と言っているのは、古い「沼風」のことである。痛かったのは、深度七五メートルで航行中、頭上に投下された一回、五個の爆雷だった。高圧空気パイプの接続部が壊れ、舵器のパッキングも破壊された。後部左舷の八、一〇番発射管はドアから浸水、一五・二センチ砲の水密金具もペチャンコになってしまう。第三ディーゼルの制御器が故障したので、四時間ほど手動で動かさねばならなかった。左舷主モーターのベアリングからは油もれがはじまった。潜望鏡は距離やピントが二本とも狂ってしまう。

それでも「ノーチラス」は作戦を続けた。アメリカ側では日付を一日早い十月十二日としているが、十二日には「沼風」はまだ戦いに加わっていない。なお「ノーチラス」は六月にも日本本土中部の南岸で、爆雷のため損傷している。「沼風」のような北の老兵が世界最大の「ノーチラス」を損傷させるとは……。なお「ノーチラス」は翌年、ギルバート諸島のマキン島にコマンド部隊（海兵隊レンジャー）を奇襲上陸させ、日本軍を驚かせる。

〈第二十五掃海隊〉

鳴尾丸（二二六総トン、日本水産）

第二金剛丸

新東北丸（三五二トン、金森商船）

東郷丸（三六二トン、金森商船）

第一鶚（みさご）丸（二六五トン、高砂漁業）

第三鶚丸（二六七トン、高砂漁業）

青森県八戸～福島県小名浜をパトロール

●米潜水艦プランジャー（一九四二年十月二十九日）

南太平洋海戦が終わって三日目、第二航空戦隊の空母「隼鷹」はトラック島に帰りかけた。ところが米潜水艦隊では、連合艦隊の大基地であるトラック島を絶えず潜水艦数隻で封鎖、包囲していたのである。

「隼鷹」は、一九四二年十月二十九日、対潜パトロールに九九式艦上爆撃機と九七式艦上攻撃機を出撃させた。その一機は午前六時四十五分、「隼鷹」の南西八〇〇〇メートルに、米潜水艦「プランジャー」を発見した。「プランジャー」は十月、ハワイから出撃してきたものであり、翌年八月、他の三隻とともに日本海に侵入して日本海軍を驚かす艦だ。この「隼鷹」の対潜哨戒機は爆弾を二発、抱いていた。九七式艦攻なら二五〇キロ爆弾を二発積めるが、九九式艦爆だったら六〇キロ小型爆弾が二発だ。一発ずつ投下される。だが、一発目は不発弾だった。二発目だけが直撃弾となる。場所はトラック島の南だ。

「プランジャー」の母港はハワイだった。しかし一刻も早くこの損傷を修理するため「プランジャー」は、予定外のオーストラリアの東岸ブリスベーンへ寄港、そこで仮修理を受けたほどだ。なお「プランジャー」は開戦後、真っ先にハワイをたって日本本土へ向かった（十二月十一日）艦であり、戦時中、一二隻もの日本商船を沈めている。

●米潜水艦グレイリング（一九四二年十一月六日）

トラック島方面における戦果は続いた。特殊潜航艇母艦「千代田」は、ソロモン水域から内地に帰って空母に改造することとなった。そのためにはひとまずトラック島を経由する。「千代田」は北部ソロモンのショートランド島より北上中なので、トラック島に在泊中の戦艦「金剛」「榛名」の九五式水上偵察機は、出迎えのため水上基地から発進、対潜パトロールについた。だが十一月六日午前六時五十分、二機は「千代田」に魚雷を発射した米潜水艦「グレイリング」を発見する。

「グレイリング」は十月、ハワイから出撃してきたものであり、トラック島は五隻くらいの米潜水艦により常に封鎖されていた。まさに沖には敵がウヨウヨしていたという感じである。同島の零式三座水偵だけでは足りないため、戦艦の搭載機もアルバイト的に駆りだされたのである。六〇キロ対潜爆弾三発が投下された。二発ずつだから、一機は故障か何かで一発しか投下できなかったことになる。なお九五式水偵は零式三座水偵と違って二人乗りであり、遠くまで飛べない着弾観測用である。「金剛」機のものが至近弾となった。

その爆発で「グレイリング」の高圧パイプは後部電池室、後部発射管室で洩れ、すべての無線アンテナが破壊された。主バラスト・タンクのベント弁のパッキングも取れてしまう。それでも同艦は戦闘哨戒を続けた。なお「グレイリング」は太平洋戦争中、五隻の日本商船をのちに撃沈するが、北安丸により翌年、体当たりされて沈没してしまう（第一部参照）。

●米潜水艦トートグ（一九四二年十一月十一日）

ボルネオとニューギニアとの間にある奇妙な形の島がセレベス島であり、オランダ領だった。オーストラリアからアメリカ軍が将来、反撃に移るとき、セラム島やここセレベス島が狙われよう。そこで日本海軍は、セレベス島南部のマカッサルに第二十三特別根拠地隊を配し、ローカル兵力として敷設艦、水雷艇、特設砲艦などの艦艇を置いた。

同隊の特設砲艦新興丸は、一九四二年十一月十一日、セレベス島の北西岸を航行中、自分に魚雷が突進してくるのを発見した。この敵は米潜水艦「トートグ」である。「トートグ」は十月、オーストラリア西岸のフリーマントルから出撃してきたもので、大戦中、二六隻を沈め、エースになった艦だった。この二六隻の中には、潜水艦呂三〇、伊二八、駆逐艦「白雲」「磯波」、輸送艦15号（駆逐艦型）、駆潜艇30号をも含む。

十一月二日、仏印沖にマーク10型機雷を敷設した「トートグ」は帰路、災難に出くわした。新興丸の付近にあった駆潜艇5号は、爆雷一一個を投下する。そのとき、「トートグ」は七五メートルの深度にあった。爆発のショックで補機の循環水のバルブが飛び、浸水は床上六〇センチにも達した。外部の電線にも故障が起きた。通風用の送風機は台座からはずれ、舵と後部潜舵とは高い音を発してしまう。さしもの「トートグ」も損害続出で作戦中止、基地に帰った。駆潜艇5号は第二十三特別根拠地隊所属ではないが、よくやったと言えよう。なお同艦は「爆雷を二〇個投下して撃沈確実」と報告している。

●米潜水艦シール（一九四二年十一月十六日）

商船の体当たり。敵潜水艦に体当たりを敢行したという記録はいくつかあるが、これは先方の戦史も認めているものである。ニューブリテン島ラバウルの第十七軍（沖兵団）は、ガダルカナル島とニューギニアとの両面戦のため兵力が不足していた。そこで独立混成第二十一旅団を仏印（フランス領インドシナ・現ベトナム）のサイゴン（現ホーチミン市）から応援に送ることとなった。

四隻の商船は陸軍兵士を乗せて一九四二年十月二十一日、出港、グアム島を経由してラバウルに向かう。途中、パラオ諸島の付近で十一月十六日、一番大きな〝ぼすとん丸〟が、米潜水艦「シール」に撃沈された。「シール」は十月、オーストラリア西岸のフリーマントルからパラオ諸島偵察の命令を受けて、北上してきたものである。

パラオはフィリピンとニューギニアとの中間に位置し、交通の要地だからである。ジャワからニューギニアやラバウルへ東航する、陸軍の船団がよく寄港するところだ。「シール」は一九四二年三月一日、スラバヤ海戦を終わった第二水雷戦隊旗艦の軽巡「神通」を狙って命中せず、逆に駆逐艦「天津風」に爆雷を投下されたことがあった。同艦は太平洋戦争中、七隻の日本商船を撃沈する。

さて仲間を沈められた日本の商船は、ただちに「シール」に対して逆襲にでた。深度一八メートルから魚雷を発射した「シール」は、魚雷発射一二秒後、同じ船団の別の貨物船に上部を体当たりされた。潜望鏡二本とSDレーダーのアンテナが使用不能となり、船体は一六メートルも上方に水圧の吸引効果でハネ上がった。同艦は戦闘航海を中止して、基地のあるオーストラリアのフリーマントルに帰らねばならなかった。

この体当たりした殊勲の商船はつぎの三隻のうちのどれかである。北光丸（五三四六総トン、山下汽船）、三興丸（四九六〇総トン、山本汽船）、伏見丸（四九三五総トン、内外汽船。他に同名の伏見丸二隻があるが、陸軍徴用船ではないので内外汽船の伏見丸と推定）。

●米潜水艦スチングレイ（一九四二年十二月十日）

米潜水艦「スチングレイ」は、四隻の日本商船を沈める船だ。ガダルカナル島争奪戦も激しさをました十月、ハワイから出撃してきた。同艦はニューブリテン島ラバウルの東南東で、日本の水上機から六〇キロ小型爆弾を二発投下された。これはラバウルの第九五八航空隊、複葉の零式水上観測機である。第九五八航空隊は九州の指宿を原隊とし、約一年前、ラバウルで開隊した零式水上機の部隊である。二枚翼でも敵戦闘機に対してタフな零式水上観測機で対戦哨戒をしたのが変わっている。

「スチングレイ」は潜望鏡で見ようと浅い深度から水面に突き出したとき、爆撃されたのだ。海はガラスのように穏やかだったから、発見されたのだ。潜望鏡の対物プリズムに破片が飛来し、水が入ってしまう。ほかに被害はなかったけれど、潜望鏡が使えなくなったので「スチングレイ」は、作戦を打ち切ってハワイへ帰らねばならなかった。

なお第九五八航空隊は、ラバウルのほかニューアイルランド島カビエンにも分遣隊を置き、哨戒や魚雷艇狩りを行なう部隊である。のちにはブーゲンビル島南のショートランドにも分遣隊（二機程度）を送った。「スチングレイ」を損傷させた一九四二年十二月現在、同隊は午前六時十五分から九時十五分までと、午前十一時四十五分から午後二時十五分までの一日二回の対潜哨戒を行なっていた。午前、午後はもちろん別の飛行機と別のパイロットである。

「第九五八飛行隊戦闘行動調書」によると、十二月にただ一回だけ会敵した日を十二月二十三日とし、十三日のズレがある。だから米軍の言う〝水上機〟が第九五八航空隊ではなく、R航空部隊である可能性も強い。R航空部隊とは水上機母艦から上げた水偵を中心に、あちこちの水上機をまとめ、これを統合、指揮する兵力である。

●米潜水艦アンバージャック（一九四二年十二月二十日）

二ヵ月前、ソロモン群島のガダルカナル島ヘンダーソン飛行場が、戦艦「金剛」「榛名」

の艦砲射撃を受けた。同島の米航空用ガソリンのタンクが焼失し、米海兵隊機は燃料がなくなった。

そのとき、密命を受けてタンカーとなり、燃料を運んだ唯一の潜水艦が「アンバージャック」なのである。同艦のおかげでガ島の米海兵隊機は生き返った。その「アンバージャック」は、一九四二年十一月、オーストラリアのブリスベーンから再度、出撃した。ラバウルの第八艦隊では、ガ島の手前のニュージョージア島ムンダの防衛を固める必要があったので、十一月、二回にわたり輸送をくり返した。

第一回輸送の三回目は宏山丸（四一八〇総トン、山本汽船）が兵士と高射砲を積んでショートランド島より南下する。第四水雷戦隊の駆逐艦「江風」と第一水戦の「有明」という混成チームが護衛する。なお、「江風」は八月二十二日、米駆逐艦「ブルー」を撃沈しており、「有明」は珊瑚海海戦で「翔鶴」「瑞鶴」の空母を護衛したことがある。

往路、十二月十九日の午後五時、ニューブリテン島の南南西七〇海里で、三隻は米潜水艦「アンバージャック」と遭遇した。敵は五三センチのマーク14型魚雷六本で攻撃してきた。「有明」は雷跡と潜望鏡を発見、六個の爆雷を投下する。そのとき「アンバージャック」は七五メートルの深度にあった。爆雷爆発のショックで第一潜望鏡のガラスは割れ、第二潜望鏡も上部プリズムが取れてしまう。SJ水上見張用レーダーのマストは台から外れた。それでも同艦は行動を続けた。なお「アンバージャック」は商船二隻を沈めるが、やがて水雷艇「鵯」と駆潜艇18号に撃沈される（第一部参照）。

一九四三年（昭和十八年）

●米潜水艦パイク（一九四三年一月十四日）

水雷艇「千鳥」はボルネオ、セレベス方面で活躍したのち、内地に帰って大阪警備府部隊に入った。そして和歌山県串本（くしもと）から横須賀への船団を何回も護衛した。同艦は潮ノ岬の西方で一九四三年一月十四日、潜水艦「パイク」の潜望鏡を発見して爆雷を投下する。

旧式の「パイク」はオーバーホールを終わり、同型の二隻と狼群を組んでハワイからやってきたところだった。初めは三発の爆雷は深度二〇メートルにいた「パイク」の下方で爆発、以後、八時間にわたり六九発もの爆雷が投下された。

多量の油が流出してきたことは、応援に駆けつけた大阪警備府部隊（その編成は駆潜艇51号〜53号、第32特設掃海隊、その他）の対潜活動を容易にした。彼らは初めの一時間の間、深度一〇〇メートルにいた「パイク」に四〇発余の爆雷を投下した。「パイク」の主モーターは一時、動力を失い、コントロール盤からは煙と炎が出た。ポンプ室では補機の回路のブレーカーが飛んだ。主エンジンの排気弁は漏れはじめ、エンジン・ルームの一部が浸水した。

六時間後、深度を浅くしてそっと潜望鏡を上げてみると、航空機一機が、待っていましたとばかり爆弾二発を投下する。

爆発で「パイク」の船体の深度はグングン下がり、一一〇メートルにも達した。これ以上は危険だ。やっと危機を脱した「パイク」は水面上を全速力で逃げだし、作戦を打ち切った。

なお「パイク」は太平洋戦争中、日本商船一隻を沈めただけだった。同艦は開戦後、香港をパトロールしたが、めざす日本艦船がおらずジャンク（中国の小帆船）ばかりで失望した艦である。

●米潜水艦スピアフィッシュ（一九四三年一月十九日）

第四艦隊の受け持ち水域には、ギルバート諸島のタラワやマキン島などの環礁が含まれていた。トラック島やマーシャル群島よりも東方（敵側）の最前線だ。ここには第三根拠地隊が進出して島を守っていた。珊瑚礁の小さな島だから滑走路はない。その代わり第九五二航空隊（二ヵ月前まで第十九航空隊と呼ばれていたもの）が、クェゼリンの本隊から三機ほどの零式三座水上偵察機をマキン島へ派遣していた。

米潜水艦「スピアフィッシュ」は開戦時、マニラのアジア艦隊に属し、太平洋戦争中、四隻の日本商船を撃沈する艦だ。同艦は一九四二年十二月、オーストラリアのブリスベーンを出撃、この航海が終わったらハワイ部隊に移るよう命ぜられていた。この六回目の戦闘航海で、一隻も戦果のあがらないのに焦った「スピアフィッシュ」は、帰路マキン島の北方にさしかかった。こんな遠隔地に、まさか日本機はいないだろうとタカをくっていた「スピアフィッシュ」は、一月十九日、深度四二メートルで潜航中、突如、水上偵察機一機から六〇キロ小型対潜爆弾二発を投下された。爆発の振動で主モーターの接触子（ブラシ）の何本かがはずれてしまい、トイレの陶器も割れた。主エンジンの排気管の弁は以前からはずれかけていたが、幸運にもこの爆撃でピタリと正しい位置におさまった。第二潜望鏡の一番上の距離調節スイッチも具合がおかしくなる。

日本海軍が米潜水艦に与えた損害の中では、おそらく一番、東方の位置だったにちがいない。なおこのギルバート諸島のマキン島も、一〇ヵ月後、米第二七歩兵師団に上陸され、玉砕してしまう。

●米潜水艦ガジョン（一九四三年一月二十六日）

第二南遣艦隊（スラバヤ）の第十六戦隊、軽巡「名取」は連合艦隊の中核から外れ、〝地方勤務〟と言った感じの軍艦だった。同艦はアンボン（現インドネシア領）で米潜水艦「トートグ」の魚雷攻撃を受けた。そこで仮修理を終え、一九四三年一月二十三日、セレベスのマカッサルへ入港した。だが「名取」の姿はすでに米陸軍のコンソリデーテッドB24四発重爆撃機に発見されていた。「『名取』にとどめを刺せ」と米潜水艦に指令が出る。

一九四二年十二月、オーストラリアから出撃した「ガジョン」は、潜水艦伊一七三、海防艦「若宮」を含む一二隻の艦船を沈めた船である。「ガジョン」は一九四三年一月二十六日、セラム島アンボン（アンボイナ、オーストラリアの北西方）の沖で、「名取」の出港を待ち伏せしていた。第二十二特別根拠地隊（ボルネオのバリクパパン）の駆潜艇6号は、アンボン灯台の南西一六海里を湾口哨戒中、「ガジョン」の潜望鏡を発見した。アメリカ側資料は「駆潜艇6号の艇長は、異常に攻撃的で有能な男だった」と書いている。最初、深度九五メートルにいたとき、八発の爆雷で「ガジョン」は後部発射管室の船体が凹んでしまい、後部からは魚雷を発射できなくなった。主バラスト・タンクから高圧空気が漏れだした。右舷の推進器とプロペラはいやな音をたてはじめる。爆雷炸裂のショックで乗組員は床に倒れ、ガラスが飛んで皆、破片で怪我をした。緊急用の清水タンクは破れ、飲料水はなくなってしまう。無線アンテナの絶縁体も破壊された。

駆潜艇6号は二回目に計一二個の爆雷を投下した。だが九発目のとき、異常な音が聞こえ、一〇発目では海中から水煙が上がった。たまたま大雨となったので「ガジョン」はその中に入る。雨だと駆潜艇の九三式水中聴音機の能力がややおちるからだ。どうやら追撃を逃れたけれど「ガジョン」は三日間、洋上で修理を行ない作戦を続けた。

●米潜水艦グローラー（一九四三年二月七日）

新鋭の給糧艦「早崎」は、横須賀からラバウルへ二往復して食糧を運んだ。その三回目の南下のとき、ニューアイルランド島の南方で、一海里先に浮上して電池を充電中の「グローラー」を発見した。「早崎」は体当たりをこころみた。「グローラー」は闇の中から突如現われた「早崎」に驚きつつ、「取舵一杯」で左に避けた。

ところが、かえって「グローラー」は「早崎」の中央部に一七ノットで衝突してしまった。潜水艦は五〇度も傾き、乗組員は皆、デッキに倒れた。「早崎」は八センチ高角砲を向ける暇もなく、九三式一三ミリ機銃を発射する。外に出ていた艦長は、自らの生命を犠牲にして「急速潜航」を叫んだ。艦橋の二名は戦死した。艦内に入る暇がないからだ。「グローラー」の艦首は衝突のため、五メートルほど右に湾曲してしまい、前部発射管は使用不能となった。体当たりで敵潜水艦を損傷させたのは、二ヵ月前の「シール」に続いてこれが二度目だ。「グローラー」はオーストラリアのブリスベーンに修理のため帰ったけれど、先方も「日本の砲艦を体当たりで撃沈した」と思い込んでいた。「グローラー」は駆逐艦「霰」「敷波」、海防艦「平戸」らを撃沈するのだが、この一年半後、駆逐艦「時雨」、海防艦「千振」、同13号により仇討ちされ沈没する（第一部参照）。「早崎」の横須賀での修理は一ヵ月余を要した。

●米潜水艦ランナー（一九四三年二月十九日）

パラオ諸島には第九〇二航空隊（もとの第二十一航空隊）がトラック島の第四根拠地隊から派遣されていた。たまたま、〝丙三号輸送〟という、陸兵を中国からラバウルへ南下させる作戦があり、特設巡洋艦清澄丸、護国丸、愛国丸が、その第二輸送隊（三つのグループに分かれた）となる。彼らが途中、パラオに入港しようとしたとき、米潜水艦「ランナー」と遭遇した。「ランナー」は当時、ハワイからパラオでの待ち伏せを命ぜられた一六隻の潜水艦の一隻だった。この「ランナー」に対し、第九〇二航空隊の零式水上偵察機は、二五〇キロ対潜爆弾一発を投下したが、効果は甚大だった。

それは、「ランナー」が日本船団に魚雷を発射したとき、投弾された爆弾が、浅深度にいた「ランナー」の左舷司令塔のすぐそばで爆発したのだ。水圧で水平舵（潜舵）はねじれてしまい、司令塔の電灯は消えて真っ暗闇になる。前後の傾きを調節するトリム・ポンプの動力は動かなくなり、方位を知るジャイロコンパスからは水銀が飛び散った。艦外電気ケーブルも浸水した。それでも「ランナー」は最後の力をふりしぼって、もう二本、特設巡洋艦に魚雷を放ったのち、潜望鏡の修理のため基地に戻った。このとき、駆逐艦「五月雨」は敵と反対側にいたので、爆雷を投下することができなかった。

なお「ランナー」は四ヵ月後、岩手県三陸沖で今度こそ本当に沈められる（第一部参照）。蛇足だが第三航空戦隊の軽空母「瑞鳳」は、自らはトラック島に投錨したまま、その航空機をニューギニア東北部のウエワクに送って〝丙号輸送〟の船団護衛に協力した。「瑞鳳」の九七式艦上攻撃機は、一週間後の二月二十六日にも、パラオ沖で敵潜水艦損傷を報告している。

●米潜水艦キングフィッシュ（一九四三年三月二十三日）

陸軍兵士を乗せた客船高千穂丸（八一五九総トン、大阪商船）が、三月十五日、台湾北岸の基隆沖で、米潜水艦「キングフィッシュ」により撃沈された。その四日後、つまり三月十九日、台湾北方に敵潜水艦がまだ隠れているらしいと推定された。そこで基隆地区の防備部隊を全力投入し、これに新竹航空隊（九六式陸上攻撃機）の三機と澎湖航空隊を加え、対潜掃討を実施した。

そのとき、三月二十三日の未明四時半、敷設艇「測天」（台湾の馬公防備隊）は、浮上中の潜水艦「キングフィッシュ」を発見、あわてて潜った同艦に爆雷を投下した。「キングフィッシュ」は二月、ハワイから出撃してきたもので、二等輸送艦一三八号（LST型）以下一四隻の日本艦船を沈め、第二一位のスコアを誇る艦だ（「グレイバック」も同位）。「測天」の報告で馬公防備戦隊の特設砲艦長白山丸（二一三一総トン、朝鮮汽船）と駆潜艇四隻が現場に駆けつけた。その艦名は次ページの表のとおりである。

三月二十三日、旺洋丸が七ノットというゆっくりしたスピードで走りつつ爆雷を投下し、ややおくれて長白山丸も六個を投下した。すると、潜水艦の黒い艦首が三メートルほどショックで海面上に突き出たが、すぐ見えなくなった。午後一時二十六分、海底から黒い油が浮いてきた。初め九〇メートルの深海にひそんでいた「キングフィッシュ」の推進軸は、爆発のため湾曲してかん高い音を立てはじめた。これが日本側の〝耳〟を刺激し、所在を発見される結果となった。

未曾有の激しい爆雷攻撃で、主機室の損害を調べていた電気係は床に倒れた。彼が操作室までやってくると、推進軸を包んだパッキングから炎が出ていた。彼の叫び声で工作科の士官一人と、もう二人の電気係が、「まさか、そんなバカなことが……」と駆けつけたが、本当に炎を見て驚いた。のちにある科学者は、これを「光の波の速さほど周波数の高い音波だったら、人間の目には炎のように見えるのだ」と説明し、電気係の水兵が嘘をついていたのではないと証言した。

艦長は「もう駄目だ」と観念した。一六時間も続いた激しい爆雷攻撃の最中、彼は「主よ、もしお助け下さったなら、全乗組員を連れて必ず教会へお礼参りに参上致します」と誓ったほどだ。「キングフィッシュ」が受けた爆雷は全部で四一発だった。

六隻で投下したのだから、一隻平均七発弱だ。しかし大半は敷設艇「測天」と砲艦長白山丸のものであろう。六隻は翌三月二十四日も爆雷を投下した。だから追跡距離は二四海里にも達した。「キングフィッシュ」はもう少しで失われるところだった。修理のため、ほうほうのていでハワイに帰ったが、船体の破損がひどく、本国メーアイランドの海軍工廠で、何ヵ月もオーバーホールしなければならなかった。殊勲の「測天」は一年後、米機動部隊機によりパラオで撃沈される。

〈「キングフィッシュ」追跡の艦艇〉

馬公防備戦隊（台湾）

特設砲艦　長白山丸（二一三一総トン、朝鮮汽船）

駆潜艇　揚梅丸（九九総トン、日本水産）

駆潜艇　旺洋丸（八八総トン、日本水産）

駆潜艇　第21日東丸（九五総トン、日東漁業）

駆潜艇　第22日東丸（九五総トン、日東漁業）

敷設艇「測天」

●米潜水艦ハドック（一九四三年四月三日）

有馬丸（日本郵船、七三八九総トン）は、ボルネオの石油産地バリクパパンから連合艦隊の基地カロリン群島のトラック島に向かっていた。多分、ドラム缶に入れたガソリンを積んでいたのだろう。途中、第二海上護衛隊の旧式駆逐艦「夕月」が会合の予定だったが、予定どおり会合できなかった。そこで電波を発したのがマズかったらしい。パラオの付近で二隻は米潜水艦「ハドック」に捕まった。

「ハドック」は三月、ハワイから出撃してきたものであり、商船八隻を沈めるほか、護送空母「雲鷹」にも九ヵ月後に損傷を与える艦だ。「ハドック」は有馬丸を撃沈したが、午後一時五分、「夕月」は有馬丸の後方八〇〇メートルにあり、二六個の爆雷を投下した。「ハドック」は初め七五メートルの深度にいたとき、二発が付近で炸裂、一〇〇メートルに潜ってから数発が追いかけてきた。

ついに一二五メートルまで潜ったので、水圧のため司令塔の耐圧外壁が右、左舷とも内側に一〇センチも凹んでしまう。SJ水上見張用レーダーの旋回部分も破壊された。これ以上、深く潜ると、船体はペシャンコになるかも知れない。「ハドック」はひとまず深度九〇メートルまで上昇し、作戦を放棄して基地へ向かった。

なお殊勲の「夕月」は一九四四年十二月、レイテ島輸送作戦で、米陸軍ロッキードP38双胴戦闘機と海兵隊のボートシコルスキー・コルセア戦闘機の攻撃で沈没する。

●米潜水艦パイク（一九四三年四月二十三日）

駆潜艇37号は三月、内地から第八艦隊の第八根拠地隊（ラバウル）に移った。そしてトラック島やパラオ島との小船団護衛に当たる。米潜水艦「パイク」は三月にハワイから出撃してきた。同艦はトラック島の南で二回も小船団を攻撃したが、魚雷はすべて命中せず焦っていた。

四月二十三日も、深度二五メートルにいたとき、駆潜艇37号から爆雷を投下され、発電機やバッテリーの棒の絶縁体は数ヵ所が切れてしまう。主メーターの冷却系は負荷が大きくなって、水ポンプの循環がうまくいかなくなった。第二主モーターのブロワーと潜舵（後部）のモーターは、台座からはずれてしまう。いろいろな電気系統が故障、電灯は消えた。「パイク」は作戦を中止し、修理のためハワイに帰った。

なお「パイク」のスコアは太平洋戦争中、商船たった一隻だけだった。殊勲の駆潜艇37号は一九四五年五月二十二日、輸送艦一七三号を守って奄美大島へ南下したとき、米第三八機動部隊の空母「ホーネット」（二世）機により撃沈される。

●米潜水艦スコーピオン（一九四三年四月三十日）

一回目の出陣を行なった新鋭「スコーピオン」は、日本本土の沖に機雷を敷設して帰途についた。このとき、南鳥島（マーカス島）のはるか北方で「スコーピオン」は、第二十二戦隊の監視艇第五恵比須丸（一三一総トン）と遭遇する。

この船は一ヵ月前、米潜水艦「シルバーサイズ」を損傷させたのだが、七八隻もいる監視艇の中で第五恵比須丸だけがよく浮上潜水艦に狙われたものだ。しかしこれは同艇が他の監視艇の何倍も大きいので目についたからであろう。このときも同艇は水冷式の九二式七・七ミリ機銃で「スコーピオン」を撃った。一二・七ミリ・ブローニング機銃を撃っていた敵先任将校（副艦長とも言うべき人物）は戦死、二五口径と短い一二・七センチ砲（マーク40型）を撃っていた砲手三名は負傷する。ただ一発、残っていた魚雷が第五恵比須丸に命中、同艇は沈没した。

それにしてもカツオ漁船としてはよく活躍したわけだ。なお「スコーピオン」はこれ以外にも、四隻の商船を撃沈しているが、翌年、朝鮮西岸の黄海に侵入、特設敷設艦の敷設した機雷に触れ、失われた（第一部参照）。

●米潜水艦ポラック（一九四三年五月二十日）

太平洋戦争も昭和十八年に入ると、防戦一方の日本は、あちこちの諸島に陸兵を配置しなければならなかった。

静岡で編成された南海第一守備隊は特設巡洋艦盤谷丸（ばんこく）に乗り、駆逐艦「雷」に守られてギルバート諸島のタラワに向かう。船団が途中、マーシャル群島ヤルート島の東方にさしかかった五月二十日の午後一時三分、米潜水艦「ポラック」は盤谷丸を撃沈した。怒った「雷」は計二一個の爆雷を投下したので、「ポラック」は主電池のコンタクターの具合が悪くなって一時、動力を失ってしまう。前部の潜舵（水平舵）は下向きのまま動かなくなった。エンジン室のいくつかのポンプのコンタクターは閉められた。それでも「ポラック」は戦闘航海を続けた。

第六十五駆潜隊の第七京丸（三四〇総トン、捕洋捕鯨のキャッチャーボート）と駆逐艦「雷」（第一水雷戦隊）も駆けつけて爆雷を投下した。そして生存者を救助、夜、ヤルート島の第六十二警備隊へ引き渡した。たまたま付近にあった軽巡「那珂」は、のち零式三座水偵一機を発進させ、「ポラック」の後を追わせたが、姿を発見することはできなかった。なお「ポラック」は、のちに駆逐艦「朝凪」、駆潜艇54号などを撃沈する相手である。駆逐艦「雷」は翌年、中部太平洋で米潜水艦「ハーダー」の犠牲となる。

●米潜水艦ティノサ（一九四三年六月十日）

古い給油艦「石廊」は第四艦隊（内南洋部隊）所属で、マーシャル群島のヤルート島を出港したのが五月二十三日だった。呉へ帰るわけだが、二ヵ月前に米潜水艦の魚雷を受け、仮修理が終わったばかりだから足どりも危なっかしい。「石廊」が九州南東方に近づくと、呉防備戦隊では第三十一掃海隊の第八拓南丸（三四三総トン、日本水産）、第六玉丸（二七五総トン、大洋捕鯨）を護衛に出してくれた。

だが六月十日の未明四時四十五分、「石廊」は米潜水艦「ティノサ」から魚雷を受けた。「ティノサ」は五月、ハワイから出撃してきたものであり、太平洋戦争中、一六隻の日本商船を沈めて第一五位（同位が五隻あり）のスコアを誇る艦である。なお「ティノサ」はこれより二ヵ月後、大型タンカー（もと捕鯨母船）第三図南丸（一万九二〇九総トン、日本水産）にマーク14型五三センチ・スチーム魚雷を何本命中させても不発に終わるので、艦長がハワイの技術部にどなり込む艦として知られている。

「石廊」がまたしても被雷するや、掃海艇第八拓南丸、第六玉丸の二隻は合計一二個の爆雷を投下した。魚雷発射と同時に「ティノサ」は深い深度に潜りかけたが、その最中、早くも初めの爆雷が降ってきた。六〇メートルの深度に達したとき、すぐ頭上で一発が爆発する。艦橋内の器材は破損、とくに二つのジャイロコンパスからはショックで水銀が飛び散った。船体の前後の傾きを調整するトリム・ポンプのコントローラーは具合が悪くなり、無線アンテナの基部にも浸水した。電球は切れてしまったが「ティノサ」は「すぐ修理に基地へ帰らねばならぬ程の傷ではない」と作戦を続けた。

キャッチャーボートを改造した掃海艇の割には、第八拓南丸、第六玉丸はよくやったと言えよう。前者は終戦時まで残存したが、すぐ廃船となった。

●米潜水艦サーゴ（一九四三年六月十四日）
オ七〇四船団は四隻の商船を駆潜艇24号、37号が護衛したもので、一九四三年六月七日、ラバウルを出港、帰路パラオに向かった。パラオ沖に近づいた六月十四日、甲南丸（五二二六総トン、木原商船）が米潜水艦「サーゴ」に撃沈された。「サーゴ」はさきに述べた「シーウルフ」や「パイク」と同様、開戦時、アジア艦隊に属していたものだ。一九四二年三月四日、オーストラリアのロッキード・ハドソン双発爆撃機に、日本潜水艦と誤認され、爆撃されたこともあった。今回は五月、ハワイから出撃してきたものである。

さて、反撃にでた駆潜艇24号、37号のどちらかは、爆雷四個を投下した。前部発射管は使用不能となり、空気の低圧ブロワーは使用不能となった。高圧空気タンクも洩れはじめる。いろいろなバルブ（弁）も破壊されたが、「サーゴ」はなお戦闘航海を続けた。同艦は甲南丸を含め七隻の日本商船を撃沈する。なお一説には損傷の場所をやや東寄りのヤップ島とする資料もある。

●米潜水艦ガードフィッシュ（一九四三年六月十九日）

パラオからラバウルへＰ六一四船団四隻が、駆潜艇22号に守られて一九四三年六月十四日に出港した。五日後、アドミラルティ諸島のロスネグロス島の北で同船団の宮殿丸が、米潜水艦「グローラー」に沈められた。同じ五月、オーストラリアから出撃してきた米潜水艦「ガードフィッシュ」もこのとき、付近にあり、第二十三駆潜隊の駆潜艇22号の爆雷七発を受けた。

「ガードフィッシュ」は半年前、カビエン（第七根拠地隊）の港内に勇敢にも侵入、旧式駆逐艦「羽風」を撃沈した豪の者である。なお米海軍はこの六月ごろから、潜水艦三隻を一グループとして使う狼群方式を採用しはじめた。「ガードフィッシュ」もテストケースとして狼群戦術をとったが、初めは戦果が上がらず、失望しかけていたころだった。

深度九七メートルにあった同艦は、最初の一発のショックで一〇八メートルまでハジキ飛ばされ、ＪＫ‐ＱＣ型、ＱＢ型の二つとも水中探信儀（ソナー）は破壊された。パワーヒューズが飛んだためだ。発射管内のボルトやジャイロスピンドルは湾曲してしまった。それでも「ガードフィッシュ」は戦闘航海を続けた。同艦は駆逐艦「海風」、哨戒艇一号（もと駆逐艦「島風」先代）ら一九隻を沈め、誤って味方の曳船イワストラクターさえ、一九四五年一月に撃沈してしまう艦である。駆潜艇22号は八ヵ月後、米陸軍のボーイングＢ17四発重爆撃機により一瞬のうちに轟沈する。

●米潜水艦ジャック（一九四三年六月二十六日）

このころになると、有力な艦艇は大半が南方へ出動してしまったので、本土防衛用の艦艇は、商船を改造した小型の特設艦船しか残っていなかった。防衛海域を横須賀（東日本を担当）、呉（西日本を担当）、佐世保（九州を担当）、舞鶴（日本海方面）の四つの地区に分け、それぞれ担当の海面が割り当てられていた。米潜水艦は日本の本土沖の海上ルートも狙って、ハワイから出撃して来た。彼らは北海道～九州までの太平洋岸全域で日本商船を沈めだした。横須賀防備戦隊には、特設敷設艇高千穂丸（三四二総トン、南貿汽船）という艇があった。同艇は三重県鳥羽を基地とする伊勢湾防備隊に属していた。高千穂丸は一九四三年六月二十六日、例のごとく船団護衛にあたっていた。

米潜水艦「ジャック」は六月、ハワイから初出撃してきた新鋭艦であり、静岡県浜松の南三海里以内で、五隻よりなる小船団を二十六日の未明、発見した。「ジャック」は艦首、艦尾の発射管から三隻を攻撃し、東洋丸（四一六三総トン、沢山汽船）と彰山丸（五八五七総トン、山本汽船）を撃沈した。三隻目が例の高千穂丸であり、危うく三本の魚雷を回避する。「ジャック」艦長は潜望鏡で部下たちに、日本人が救命ボートに乗っている姿を見せてやった。すると高千穂丸は煙突から煙を出して旋回しつつ、一三〇〇メートル彼方から向かって来た。同艇の爆雷は「ジャック」の左舷すぐ後方で爆発した。潜水艦の艦尾が水面上に飛び出し、やがて二五度も船体が傾いてしまう。

翌二十七日、伊勢湾防備隊（第二十五特設掃海隊を中心とする）の四隻も応援に加わって、夜光虫により潜水艦の姿を認めて爆雷を投下した。「ジャック」は、「魚雷発射のため浅深度に上がったとき、飛行機から爆弾一個を投下された」とやや相異する発言をしている。また日本商船の沈没位置は、八丈島西方とやや南東に寄っているから、半日のうちに「ジャック」が移動したのであろう。前後の潜舵は爆発のため動力を失って動かなくなり、アレヨアレヨと言ううちに深度一一四メートルまで潜ってしまった。主バラスト・タンクのパッキングは飛び散り、第二潜望鏡とSDレーダーは使用不能となった。

それでも「ジャック」は片方だけのエンジンで戦闘航海を続けた。同艦はのち掃海艇28号を含む一五隻の艦船を沈める。そのうちには「ガーナード」と協力して、第三十二師団（東京の兵）と第三十五師団（北海道の兵）がニューギニアへ南下する竹輸送を阻止したのも含まれている。

●米潜水艦シール（一九四三年七月八日）

小船団護衛中の山田湾派遣航空隊（館山から岩手県へ）の零式水上観測機は、三陸沖で雷跡三本を発見、午前八時五十分、投弾した。護衛中の横須賀防備戦隊の掃海艇一号も投雷した。一時間後、別の水上観測機は船団の右前方二〇〇〇メートルに北進中の油紋を発見、掃海艇4号（横須賀鎮守府部隊）、特設駆潜艇第一鶚（みさご）丸（二六五総トン、高砂漁業社）も爆雷二〇個以上を投下する。

同日、十二時十三分から翌日にかけて、水上機は水雷艇「千鳥」（横須賀鎮守府部隊）、第二金剛丸とともに爆雷四〇個以上を投下、多量の油を湧き出させた。皆が寄ってたかって痛めつけた感がある。この潜水艦は「シール」であり、六月にハワイを出港してきたものである。同艦は太平洋戦争中、日本商船七隻を沈める。同艦は掃海艇1号を「朝潮クラス駆逐艦」と過大評価している。

「シール」は外部燃料タンクから燃料が洩れはじめたのに気づいたが、どの部分から洩れたのかわからず、止めることができなかった。やがて、補助タンクとポンプ室にも燃料が洩れはじめた。このように派手に油が流出すると、どこへ逃げても上方からすぐ所在がわかる。〝頭かくして尻(しり)かくさず〟だ。だからどの艦も「おれが撃沈した」という報告が殺到するわけだ。

同じ七月八日も午後二時五分になると、山田湾派遣航空隊の零式水上観測機は、北東に逃げようとする「シール」の油紋を発見して、六〇キロ爆弾を投弾した。掃海艇1号、5号、木造の漁船型駆潜特務艇3号らも駆けつけ、一一個の爆雷を投下した。「シール」は一〇時間余にわたり、爆雷と爆弾七二個も投下され、ホウホウのていでハワイへ逃げ帰った。すでに記したように「シール」は八ヵ月前、日本の商船に体当たりされ、今回が二度目の損傷である。

「シール」はクェゼリン環礁上陸作戦の状況を集めるため、一九四三年十一月～十二月、偵察を行なった〝忍者〟として知られている。

●米潜水艦タニー（一九四三年八月二十六日）

戦艦「武蔵」に、パラオ沖で魚雷を命中させたり、一九四三年四月には護送空母「大鷹」

を狙ったり（魚雷早爆す）、いろいろとエピソードの多いのが「タニー」である。同艦は一九四三年八月、ハワイより出撃し、八月二十六日、パラオの西方に到着した。当時ソロモン群島北部やニューギニア東北部での戦いが激しさを増したので、内地やフィリピンから陸軍兵士や軍需品がパラオ諸島を経由して送られてきたからだ。

「タニー」は駆潜艇4号（第二南遣艦隊、第二十二特別根拠地隊＝ボルネオのバリクパパン）、駆潜艇26号（第八艦隊、第一根拠地隊＝ショートランド島）、特設駆潜艇熱栄丸の三隻から爆雷八個を投下された。これは八月二十日、ボルネオのバリクパパンを出て、二十七日、パラオに到着した第二六〇六船団の護衛である。一説には、護衛は駆潜艇4号と5号（第二十二特別根拠地隊）の二隻だったとも言う。あるいは哨戒艇46号（もと駆逐艦「夕顔」）と特設砲艦華山丸（一八八八総トン、関口汽船）かも知れない。

この二隻は二日前、パラオを出港、カラになった六隻の商船（陸軍徴用船を中心とす）を、広島県宇品の陸軍船舶部へ連れ帰ろうとしていたところである。フ四〇七という六ノットの船団だ。深度八〇メートルという深いところに隠れていたにもかかわらず、「タニー」は大きな損傷を受けた。そして作戦を中止しハワイへ帰らねばならなくなった。

●米潜水艦シーホース（一九四三年九月六日）

ニューギニアの東方から米陸軍がグングン押してくると、日本はマニラや北九州の佐伯から、軍需品や兵士をニューギニア中北部や西北部に送らねばならなくなった。その前進基地がパラオ諸島である。八月三十一日、マニラを出港し、九月七日、パラオに到着する第三一一一船団、八隻の商船を、第一海上護衛隊の旧式駆逐艦「刈萱」が守っていた。彼らはパラオの西水道の西方に到着、もう少しで目的地というとき、新鋭の米潜水艦「シーホース」と出くわした。

「シーホース」は八月にハワイから初出撃したもので、トラック島沖に永らく頑張っていたが、いつも船団に逃げられていた艦だ。魚雷を放った「シーホース」に対し、「刈萱」は老骨に鞭打って反撃する。敵潜水艦の吸気系や、エンジンへの空気取り入れ口のパイプから水は洩れはじめ、その量は一時間につき一トン弱にも及んだ。艦首の第四発射管はドアから浸水した。艦橋のジャイロリピーターのパネルは、パイプを伝ってきた海水で水びたしになる。それでも「シーホース」は作戦を続けた。

なお「シーホース」は九ヵ月後、マリアナ沖海戦に向かう小沢治三郎中将の艦隊を待ち伏せする九隻のうちの一隻となるのだが、「キャバラ」（「翔鶴」撃沈）や「アルバコア」（「大鳳」撃沈）のようなチャンスには恵まれなかった。旧式駆逐艦「刈萱」は、一九四四年五月、船団護衛中、フィリピン沖で米潜水艦「コッド」のため犠牲となる。

●米潜水艦スキャンプ（一九四三年九月十八日）

日本陸軍の特殊上陸母艦「摩耶山丸」（九四三三総トン、三井船舶）は、数隻の上陸用舟艇を艦内の坂のレールの上に置き、艦尾のドアを開けて海上に下ろす軍艦だった。

同艦はまだ奇襲上陸には使われず、普通の貨物船としてラバウルへの軍需品の輸送に投入された。そして帰路、関西丸（八六一四総トン、原田汽船）とともにラバウルを九月十六日、出港、二十一日、パラオに入港する。いわゆるオ六〇二A船団だ。護衛は第八根拠地隊（ラバウル）の駆潜艇38号だった。

九月十八日、米潜水艦「スキャンプ」が関西丸を撃沈する。「スキャンプ」は九月、オーストラリアのブリスベーンから北上してきたもので、特設水上機母艦「神川丸」や潜水艦伊一六八など計五隻を撃沈する。怒った駆潜艇38号が爆雷を投下した時、「スキャンプ」は深度九六メートルに隠れていた。前部発射管室には三・五トンもの海水が浸水した。トリム・ポンプのモーター調整器から小さな火事が発生、後部エンジン室では弁がうまく作動しなくなった。艦長は一時「もうこれで『スキャンプ』の運命も終わりか」と思ったほどだった。しかし同艦はどうやら生きのびた。修理のため、ハワイへ引き返すことなく航海を続けた。「スキャンプ」が八丈島の沖で失われるのは、一年二ヵ月後のことである（第一部参照）。駆潜艇38号は大戦を生きぬき、中国で終戦を迎え、賠償艦としてソ連に引き渡された。

●米潜水艦スケート（一九四三年十月六日）

ウェーク島は米機動部隊の大空襲および艦砲射撃を受けた。空襲の際、対空砲火を受けて墜落、パラシュートで海に降下するパイロットが何名かは出る。そこで米潜水艦が人命救助のため、沖合に待機するのが常であった。「スケート」もその一隻であり、のちに軽巡「阿賀野」、駆逐艦「薄雲」、潜水艦伊一二二などを撃沈する。第二五二航空隊（一九四二年九月、千葉県館山で開隊）はマーシャル群島に展開していたが、その一部はウェーク島にも派遣されていた。

十月六日、敵空母機の迎撃に発進した零戦の一機は、浮上中の「スケート」を発見、右舷真横から二〇ミリ機銃で掃射した。二発が司令塔に命中、三発目の破片は深浅用温度機の筒を破壊してしまう。それでも「スケート」は戦闘航海を続けた。米潜水艦が零戦の機銃掃射を受けるとはめずらしい。「スケート」は一九四三年十二月、戦艦「大和」に魚雷を命中させた艦として有名だ。

●米潜水艦トリッガー（一九四三年十一月十三日）

九州の門司から台湾の高雄に向かって一〇六・マ〇七船団が十一月十一日、出港した。商船一一隻を旧式駆逐艦「呉竹」が守るものだ。二日後、米潜水艦「トリッガー」は、東シナ海で那智山丸（四四三三総トン、三井船舶）を撃沈した。「トリッガー」は九月、ハワイから出撃してきたものだ。同艦は一年前、ミッドウェー海戦の際、日本艦隊を待ち伏せ中、暗礁に乗り上げて動けなくなり、大騒ぎをした艦である。「呉竹」は第一海上護衛隊に属し、内地～台湾～シンガポールという重要なシーレーンの防衛に当たっていた。

「呉竹」は深度六〇メートルの「トリッガー」に対し、爆雷を投下した。主モーターは、ガラガラと振動と騒音を発するようになり、水深四五メートル以上では左舷減速装置が時折、ゴツンという音をたてはじめた。それでも「トリッガー」は作戦を続けている。なお「トリッガー」は五ヵ月前、本土沖で空母「飛鷹（ひよう）」を雷撃したり、機雷で駆逐艦「沖風」を沈めたり計一七隻の艦船を沈めている。

●米潜水艦スレッシャー（一九四三年十一月十三日）

連合艦隊の泊地として知られるのはトラック島である。ここには内地から、絶えず軍需品を送らなければならない。その一つが十月四日、横須賀より南下した第三一〇一船団だ。それは七隻の商船を旧式駆逐艦「朝風」ただ一隻で護衛し、途中、小笠原に寄港、十一月十三日、目的地に着くというものだ。「朝風」は一年前、オーストラリア軽巡「パース」撃沈に一役買った艦であり、一九四三年には第一海上護衛隊に属していた。第一海上護衛隊は門司～台湾～シンガポールのシーレーン担当だが、内地～サイパン島～トラック島～ラバウルの第二護衛隊の兵力が不足すると手伝いに来るのだ。

もう少しでトラック島という十三日、米潜水艦「スレッシャー」が、船団中の武庫丸（四八六二総トン、太平洋汽船）を撃沈した。「スレッシャー」は一七隻（同位四隻あり）を沈め、一二位のスコアを誇る艦だ。同艦はハワイから十一月に出撃したものだった。「朝風」が反撃する。計二〇個の爆雷が投下されたが、最初のものは「スレッシャー」が深度九〇メートルのときだった。まだ海防艦が多くは竣工していなかったころだから、旧式駆逐艦や駆潜艇に頑張ってもらわなくてはならない。潜水艦の司令塔の前に外部タンクやパイプがあるが、爆発のため、そこから水洩れが生じて、海水が「スレッシャー」の主水圧機室に浸水してきた。エンジンへの吸気パイプと無線アンテナの下部にも浸水が起こった。「スレッシャー」は作戦を中止して米本土の修理工場へ向かっている。「スレッシャー」は、空母「ホーネット」が陸軍のB25双発爆撃機を東京に飛ばした一九四二年四月（ドーリットル空襲）、天気予想を空母に打電して作戦を支援したことがあった。一方、旧式駆逐艦「朝風」は一九四四年八月、米潜水艦「ハッドー」により撃沈される。

●米潜水艦デース（一九四三年十一月十九日）

「デース」と言えば、レイテ沖海戦に向かう栗田艦隊の重巡「摩耶（まや）」を沈めた艦として有名だ。同艦はそれより一一ヵ月前、もうちょっとで沈められるところだった。「デース」は十月、ハワイを出撃し「日本本土からトラック島へ向かう空母を待ち伏せせよ」の命令を受ける。ところがマリアナ群島の東方で出合ったのは、空母ならぬ第三一一五船団であった。それは、一九四三年十一月十四日、横須賀を出港、トラック島に向かったもので、タンカー慶洋丸、高い煙突の給糧艦「伊良湖」、「平安丸」よりなるものだった。護衛は歴戦の駆逐艦「雪風」と海防艦「隠岐」だ。

出港五日目の十九日、大型の潜水母艦「平安丸」が「デース」に狙われたので、第二海上護衛隊に編入されたばかりの海防艦「隠岐」が午前五時十分より三個の爆雷を投じた。七時二十四分、左横斜め八〇〇メートルに潜望鏡を発見して四個、十一時半からも二個を投じた。あわやというとき、「デース」はエビの大群の中に隠れ、「隠岐」の水中探信儀の音波を逃れることができた。「隠岐」はさきに行った船団を心配して攻撃を打ち切る。「デース」の艦長はすっかり自信を失って「もうやめさせてくれ」と申請、彼は陸に上がって机に向かう仕事にまわされた。彼、ジョセフ・エンライト少佐は一年後、潜水艦「アーチャーフィッシュ」の艦長に返り咲き、空母「信濃」を撃沈するのである。なお、船団は十一月二十三日、トラック島に到着している。殊勲の海防艦「隠岐」は戦後、中国に賠償艦として接収され、

「長白」(チャンペイ)と改名した。

●米潜水艦ティノサ(一九四三年十一月二十二日)

パラオからニューギニア北岸のホーランディアに、莫大な軍需品が運び込まれた。同地には第九艦隊が設立され、陸軍の第七飛行師団も移動してくるからである。ホーランディアよりの帰りはパラオに片道三日の航海で着く。そのような船団の一つが、陸軍徴用船大和丸(四三七八総トン、白洋汽船)と木曽丸(四〇七〇総トン、三光汽船)だ。その護衛は駆潜艇35号(第二特別根拠地隊)、敷設艦「白鷹」(これも第二特別根拠地隊)と特設掃海艇水天丸(一三一総トン、静岡県焼津の漁船)の三隻だった。

船団は一九四三年十一月十八日、ホーランディアを出港し、二十二日、パラオに帰着しようとする。米潜水艦「ティノサ」が二隻の商船を撃沈したのは、まさにその時だった。同艦は九月の末、ハワイより出撃してきたものである。面目をつぶされた駆潜艇35号と敷設艦「白鷹」は、爆雷計四〇個を投下した。そのとき、「ティノサ」は深さ九〇メートルにひそんでいた。「ティノサ」は以前、タンカー第三図南丸(もと捕鯨母船、一万九二〇九総トン、日本水産)に魚雷を何本命中させても不発だったので、大いに立腹したが、今回は信管はうまく作動した。

「ティノサ」は爆雷のショックで前後の潜舵(水平舵)への動力を失い、傾いたまま海中を激しく上下した。やがて手動に切り換えて、やっと操艦できるようになった。方位を知るジャイロコンパスが狂い、発電機が破壊された。にもかかわらず「ティノサ」は作戦を継続した。同艦は商船ばかり一六隻を沈め、第一六位（同位五隻あり）のスコアを誇る艦だ。「白鷹」は一〇ヵ月後、米潜水艦「シーライオン」（戦艦「金剛」を沈める艦）に撃沈された。

●**米潜水艦セイルフィッシュ**（一九四三年十二月七日）

佐伯航空隊は一九三四年二月、九州の北部で開隊したものであり、艦上機、磁気探知機を付けた水上偵察機、九七式飛行艇、のちには双発の対潜哨戒機「東海」ももつ航空隊だった。そのうちの一機は、四国西岸の豊後水道の入り口で、「セイルフィッシュ」が暢気に浮上しているのに気づいた。

「セイルフィッシュ」は開戦時、アジア艦隊に属し、日本の第四十八師団（台湾出身の日本人にて編成）の上陸作戦を、必死に食い止めようとした艦だ。同機は直撃弾を命中させる。ハワイを十一月に出港した「セイルフィッシュ」は、突如、爆弾二発を受けて驚いた。おそらく九七式艦上攻撃機であろう。

一発目は大したことはなかったが、二発目は操舵室の横の右側で爆発した。一時的に主モーターは止まってしまい、減速装置はイヤな音をたてはじめた。モーターの修理は終わったが、二日後、ふたたび火花を散らしてしまう。それでも「セイルフィッシュ」は哨戒を続けた。なお同艦はこの二週間後、護送空母「冲鷹」を撃沈する。

●**米潜水艦ポギー**（一九四三年十二月十三日）

航空機運搬艦りおん丸（七〇一七総トン、日本郵船）は、艦内に修理工場や格納庫をもつ特殊軍艦であり、ラバウル、パラオ間の飛行機輸送に従事してきた（第十一航空艦隊所属）。同艦はまたしてもボルネオのバリクパパンからパラオへ向かおうと、十二月十二日出港、十八日に到着した。護衛は旧式駆逐艦「若竹」（スラバヤの南西方面艦隊）一隻だけだ。

米潜水艦「ポギー」は潜水艦伊一八三や駆逐艦「峯風」を含む一六隻をも沈める艦である。「ポギー」は魚雷がはずれたのに失望しつつ、深く潜りかけた。このとき、不意に三発ずつ計六発の爆雷が深度四五メートルの「ポギー」をゆさぶる。魚雷発射管のジャイロの軸は湾曲してしまった。エンジン用温度計は六個も破壊されたので、作戦を中止、「ポギー」は魚雷二本だけを抱いて帰国の途についた。

高速の艦隊用駆逐艦は隊伍を組んで海戦をするものだが、「若竹」のような小型の旧式艦は、このように単艦でもっぱら船団護衛にあてられたのである。「若竹」は四ヵ月後、パラオで米空母機に襲われて沈没する。

●米潜水艦ガトー（一九四三年十二月二十日）

ガダルカナル島から退却したのちも、ソロモン群島北部で日本軍は、米軍の北上を食い止めようと必死だった。だからトラック島基地からニューブリテン島ラバウルに対し、あい変わらず軍需品を積んだ小船団を送らねばならなかった。その一つが第一一八二船団であり、二隻の貨物船を、駆潜艇28号（トラック島の第四根拠地隊）と水雷艇「鴻」（第二海上護衛隊）が守って南下した。

トラック島発が一九四三年十二月十八日、ラバウル着が二十三日である。だが途中、出港二日目に米潜水艦「ガトー」によって常島丸（二九二七総トン、飯野海運）が撃沈された。ビスマルク半島の北方においてである。「ガトー」は海防艦9号のほか商船八隻を沈めるもので、十一月、オーストラリアのブリスベーンから出撃してきた艦だ。「鴻」と駆潜艇28号は計一九発の爆雷を投下した。

　初め深度一一七メートルにいた時から投下がはじまり、「ガトー」の艦内の水密区画がねじれたため、ドアはピッタリと閉まらなくなった。こうなると一つの部屋に浸水があると、他の部屋にも被害が及ぶわけだ。エンジンの空気取り入れ口と通風装置にもしわができて、水漏れがはじまる。二時間後、「ガトー」が浮上して雨雲の中に隠れてみたら驚いた。後部甲板上に不発の爆雷が一個、乗っているではないか。深度何十メートルに降下してから爆発するよう、信管が複雑にセットしてあるので、ときどき、このような不発が起こるのだ。

　日本の伊五六も、一九四四年十月のレイテ湾突入の際、米駆逐艦の投下した流線型爆雷マーク9型を背中に背負って、呉へ帰ってきているではないか。「ガトー」はこれくらいの怪我にはビクともせず、作戦を続けた。

　なお「ガトー」は一九四二年の後半、「グルニオン」（第一部参照）や「トリッガー」（第一部参照）と共に、日本軍のアリューシャン列島進出を警戒し、アラスカから千島列島へ寒いパトロールをしたこともあった。殊勲の水雷艇「鴻」は一九四四年六月、米第五八機動部隊機の空襲により、サイパン島沖で失われた。

一九四四年（昭和十九年）

●米潜水艦ソードフィッシュ（一九四四年一月十三日）

「ソードフィッシュ」は、駆逐艦「松風」を念む一二隻の艦船を沈める艦である。同艦は開戦時アジア艦隊に属していた。同艦は一九四三年十二月、ハワイから日本本土中部沖へ向かって出撃した。たまたま関東地方南岸には、七一一〇船団が三重県尾鷲に向かっていた。それは興業丸（六三五三総トン、岡田商船）を哨戒艇46号（もと駆逐艦「夕顔」）と第六、第七済州丸が守る四隻よりなるものだった。荒天のため船団は一九四四年一月十日、伊豆の伊東に仮泊し、その後、また西航を開始した。

だが一月十二日、三重県志摩半島の大王崎の南八海里で、興業丸が「ソードフィッシュ」の魚雷一本を受けた。左に傾いた興業丸は、死者三、負傷一〇名を出したけれど、沈没はまぬがれそうだった。このニュースに伊勢湾部隊（横須賀防備戦隊の下）は、玩具箱をひっくり返したような大騒ぎとなる。

第二十六掃海隊の第十八播州丸は左舷側方に潜水艦を探知、一度、南へUターンしつつ、西方の「ソードフィッシュ」に向かった。そして神島丸（三四〇総トン）を指揮しつつ付近の小艦艇に現場で対潜掃討をするようつぎつぎと命令した。伊勢湾部隊の慶洋丸は晴天のもと哨戒艇46号と協力して、十三日の午前二時半から捜索を開始した。すでに哨戒艇46号も午前零時三分から爆雷を投下し、興業丸を曳航しはじめる。駆けつけた特務駆潜艇4号、57号は爆雷投下ののち、午前十時二十分、油の帯が流れているのに気づいた。それは幅二〇〇〜七〇〇メートルで、長さ五海里に及んでいた。

十時三十二分、木造の特務駆潜艇4号、57号の二隻は念のため、もう一度、爆雷計三個を投下した。全艦の総計二四個だ。「ソードフィッシュ」は初め深度九六メートルのとき、爆雷を投下された。第一潜望鏡は筒内の窒素の圧力がなくなり、第二潜望鏡のレンズははずれてしまった。JPとJKの音響兵器は破壊、主モーターの冷却パイプから鉄のプラグは飛んでしまう。司令塔のハッチが一瞬、開いたので海水がドーッと入ってきた。ポンプ室の電線からは火災が発生する。主モーターも補機も、一時、動かなくなった。左舷一軸だけでしばらく動かねばならないほどだったが、「ソードフィッシュ」は戦闘航海を続け、すぐ基地には戻らなかった。

第二十六掃海隊の第十八播州丸は、同じ部隊の第一京丸の缶水が不足してきたのを聞いて、尾鷲へ帰ることを許可したが、代わりに「第三京丸と第十昭和丸は待機せよ」と命令した。小さな特設艦船は対潜掃討が長びいた場合、交代が必要だからである。同艦は一月十三日の午前七時五十分、伊勢湾防備部隊本部に状況を報告する無電を打った。それにしても、このような小さい艦艇がよく活躍したものだ。

なお哨戒艇46号は真珠の養殖で知られる英虞湾へ興業丸を曳航後、尾鷲へ一月十四日入港した。この場合、「ソードフィッシュ」を逃がしてしまったけれど、「ソードフィッシュ」は一年後、機雷により失われる。

〈第二十六掃海隊〉

伊勢湾部隊に所属

第十八播州丸（二六四総トン、西太平洋漁業）

第一京丸（三四〇総トン、捕洋捕鯨）

第三京丸（三四〇総トン、捕洋捕鯨）

第十昭和丸（二六四総トン、日本水産）

いずれも捕鯨船。なお第十昭和丸は、戦後まで残存、活躍した。

●米潜水艦タンバー（一九四四年二月三日）

ミッドウェー海戦の際、重巡「最上」と「三隈」が衝突したのは、米潜水艦「タンバー」の潜望鏡を発見、あわてて転舵したためである。今やベテランとなった同艦は一九四四年一月、ハワイから九回目の出撃を行なう。シンガポールから門司へ向かうヒ三〇船団は、二月三日、九州西方の東シナ海に足を踏み入れた。ヒ船団とは、内地からシンガポールへ油を取りに行くタンカーを示し、奇数の番号は南下（行き）、偶数は北上（帰り）を示す。

ヒ三〇はタンカー四隻と海防艦「佐渡」である。ありあけ丸、五洋丸が「タンバー」に沈められた時、「佐渡」は爆雷六個をまず投下して、浅海から八〇メートルの海底へ「タンバー」を追いやった。爆発のショックで「タンバー」の空気圧縮機は底からはずれてしまい、司令塔の後部区画のドア枠はひびが入ってしまう。油が洩れ出して、水面に流出しだした。通風用の弁（バルブ）も破壊され、艦内はむし暑く、魚雷を発射管に装塡するための金具（ガイド）も破損した。

前部電池室では高圧空気が洩れはじめた。無線アンテナの下部は一部浸水したが、「タンバー」はなお作戦を続けた。なお同艦は一一隻の日本商船を沈める。「佐渡」は八ヵ月後、マニラ湾内で米潜水艦「ハッド」により撃沈された。

●米潜水艦パーミット（一九四四年二月十三日）

連合艦隊の基地、カロリン群島トラック島には、つねにボルネオのバリクパパンから燃料を補給しなければならない。そこで三隻のタンカーを守りつつ、第一水雷戦隊の駆逐艦「時雨」と「春雨」が一九四四年二月三日、東航を開始した。彼らは二月十三日、カロリン群島メレヨン島の東方で、浮上中の「パーミット」を発見した。

一月にオーストラリアから出てきた「パーミット」は、あわてて八七メートルまで潜ったが、そのとき爆雷攻撃がはじまった。「パーミット」の機関の空気取り入れ口から多量の海水が入る。排気弁から主機、補機室に浸水があった。そのため重心が変わり、深度のコントロールがむずかしくなったが、艦首を一五～一八度、上向きにしたら、どうやら一定の水深を保つことができた。三時間後、「パーミット」が浮上したとき、電池はほとんどなくなっていたが、充電してパトロールを続けた。

旧式な「パーミット」は三隻の日本商船を撃沈したのち、除籍されたが、日本海に侵入した第一グループとして有名だ。駆逐艦「時雨」はラッキーな艦であり、レイテ湾のスリガオ夜戦の唯一の生き残りとなる。なお「時雨」が米潜水艦「グローラー」を撃沈することは第一部で述べたごとくである。

●英潜水艦タリホー（一九四四年二月二十四日）

水雷艇「雁」がマラッカ海峡の南で体当たりした話は、特記すべきである。これについては第一部でわずかに触れたが、改めて述べよう。

英第四潜水戦隊は大型のTクラス潜水艦数隻よりなり、地中海から大型潜水母艦「アダマント」に率いられてやってきた。彼らがアフリカからインドの南セイロン島（現スリランカ）のコロンボに進出したのは、一九四三年七月のことであった。「タリホー」は二月二日、コロンボのツリンコマリ基地から南下した。

他方、第一南遣艦隊、第十二特別根拠地隊（アンダマン諸島）の水雷艇「雁」はシンガポール〜マレーのペナン〜ニコバル諸島（インド洋東南部）のシーレーンを何回も往復し、小船団を護衛していた。スマトラ西北端サバンの北方で特設艦船一隻を連れた「雁」は、二月二十四日、浮上中の「タリホー」を発見した。

「タリホー」は去る十五日、ドイツの輸送用潜水艦U23（もとイタリア潜水艦レギナルド・ギウリアニ）をインド洋で撃沈し、士気が上がっていた。「タリホー」は「雁」を発見したが視界が悪かったので「もしかしたら付近の僚艦『トラキュレント』か『タクチシアン』かも知れない」と軽く考えていた。「雁」は速力を上げ体当たりしようとしたが、あまりにも距離が近すぎて一二センチ砲は下を向かない。北へ向かっていた「タリホー」も「雁」に対して魚雷を発射しようとしたが、とっさのことで艇首が向かず、東南東へ艇首を向けて体当たりをこころみる。

「タリホー」は二〇ミリ・エリコン機銃を「雁」に撃とうとしたが、これは運悪く故障していた。アッという間に二隻は衝突する体勢に入ったが、「雁」は「タリホー」の艦尾を右から左へこすり去った。「雁」のスクリュー・プロペラは「タリホー」の左舷主バラスト・タンクを破った。潜航して危機を逃れた潜水艦は、つぎに浮上する際、浮力が十分にあるかどうか心配になる。「雁」からの報告で、シンガポールから特設駆潜艇利丸、港務部の来島丸が救援に北上した。またマレー半島西岸のペナンからも駆潜艇7号、特設駆潜艇第七昭南丸（第九十一駆潜隊）、第九三六航空隊の水上偵察機が「タリホー」追跡に出撃した。

故障の船体をだましだまし、「タリホー」はセイロン島まで一二〇〇海里をどうやらたどり着いた。修理には二ヵ月余を要した。他方、「雁」の船体にも穴がポッカリと開いていた。たて三〇センチ、よこ五〇センチである。下甲板は浸水、右舷スクリュー軸破損、右ビルジ・キール（横揺れを防ぐひれ）が二メートルにわたって湾曲してしまう。シンガポールの第一〇一工作部における修理は、一ヵ月半以上を必要とした。

なお「雁」は開戦時、香港攻略の際、英魚雷艇ＭＴＢ８号撃沈に一役買ったことがある。「雁」は終戦直前、ジャワ島で米潜水艦「バヤ」に撃沈された。

隊）が、陸軍兵士の乗った三隻の商船を守って二月二十四日、朝鮮の釜山を出港する。

島に送ることとなった。第三十一駆逐隊の「朝霜」「岸波」「沖波」（いずれも第二水雷戦

●米潜水艦ロック（一九四四年二月二十九日）

マリアナ群島の防衛を固めるため、第二十九師団（雷兵団）を中国からサイパンやグアム島に送ることとなった。第三十一駆逐隊の「朝霜」「岸波」「沖波」（いずれも第二水雷戦隊）が、陸軍兵士の乗った三隻の商船を守って二月二十四日、朝鮮の釜山を出港する。

船団は二十九日の未明、沖縄南方、南西諸島沖で米潜水艦「ロック」とハチ合わせする。「ロック」は二月にハワイを出て、台湾沖へ向かう途中、たまたま船団と出合ったのだ。「朝霜」は午前二時四十六分、左斜め前、五八〇〇メートルに敵を発見、九分後、右舷に同航しつつサーチライトを照射した。そして五分間だけ一二・七センチ砲を発射する。「ロック」がすぐ潜航してしまったからだ。爆雷も九個を消費している。

潜航五秒後、一発が「ロック」の第二潜望鏡の左側二メートル下方に命中、破片が飛び散った。潜望鏡は二本とも動かなくなり、上下も旋回も不能となる。対空用のSDレーダーのマストにも浸水した。ほかにも小さな損傷があったので、「ロック」は「敵艦見ゆ」を発信し、仮修理のためミッドウェー島に向かった。なお「ロック」は戦時中、日本の小タンカー一隻を沈めただけという戦果だった。

「朝霜」の腕前はすばらしかった。「ロック」の報告で付近にあった「トラウト」が来襲し、船団の崎戸丸（九二四七総トン、日本郵船）を沈めた。同日の夕刻、「朝霜」は「トラウト」を確実に撃沈したのである（第一部参照）。同じ日、潜水艦一隻撃沈、一隻損傷の大手柄をたてたのは、後にも先にも「朝霜」ただ一隻だけである。しかし殊勲の同艦も一年後、戦艦「大和」と共に沖縄特攻で失われる。

●米潜水艦スキャンプ（一九四四年四月七日）

一九四四年二月、トラック島を大爆撃された連合艦隊は、同地より退却、パラオを経由してスマトラ北東岸のリンガ泊地へ南下することとなった。南フィリピン・ミンダナオ島のダバオにひとまず入泊し、一九四四年四月五日、同地を出たのは次表の八隻である。

ダバオ沖には、オーストラリアのブリスベーンから北上してきた四隻の潜水艦が待ち伏せしていた。そのうち新鋭の「バショー」は、内地に向かう軽空母「千代田」と遭遇したが、逃げられてしまう。翌四月六日、「ダーター」と「デース」は二二ノットで走る三隻の重巡につぎつぎと魚雷を放ったが、命中しなかった。この二隻が第二艦隊の重巡「愛宕」や「摩耶」を仕止めるのは、半年後、レイテ沖海戦への序曲、パラワン水道においてである。

三番打者「スキャンプ」は翌四月七日、ダバオ湾口の北で重巡六隻を捕らえた。ガラスのように静かな海を潜航して接近中、駆逐艦「春雨」と「磯風」が計二四個もの爆雷を投下した。同艦は午後になるまで深海に隠れていたが、やがて浮上、「敵艦見ゆ」をオーストラリアへ打電した。ところがその最中、太陽を背にして日本の水上偵察機一機が降下してきた。「スキャンプ」はあわてて深度一二メートルまで潜った。そのとき、六〇キロ対潜爆弾一発が、左舷で爆発した。そして艦首を上にしたまま深度九六メートルまで沈んでしまう。

火災も発生した。艦長は、手すきの者は全員、艦首発射管室に集まって前部を下げよ、と命令する。「スキャンプ」の船体は、しばしヨーヨーのように海中を、上がったり下がったりした。悲鳴を上げた「スキャンプ」に対し、司令部では付近の潜水艦「デース」に救助に行くよう命じ、二隻はニューギニアのミルン湾（オロ湾）までたどり着いた。「スキャンプ」はカリフォルニア州メーアイランドの海軍工廠に送られて、オーバーホールされた。ところで、たった一発の爆弾で有効打を与えた水偵は、重巡の搭載機ではなく、ダバオ派遣隊の零式三座水偵であった。

なお重巡五隻は四月九日、無事リンガ泊地に到着した。また修理なった「スキャンプ」が、のちに撃沈される件は第一部を参照されたい。

〈「スキャンプ」に狙われた兵力〉

第二艦隊司令長官・栗田健男中将

第四戦隊　重巡「愛宕」（旗艦）

　　　　　重巡「鳥海」

　　　　　重巡「高雄」

第五戦隊　重巡「妙高」

　　　　　重巡「羽黒」

　　　　　軽巡「能代」

　　　　　駆逐艦「春雨」

　　　　　駆逐艦「磯風」

一九四四年四月五日、ダバオ発。九日、リンガ泊地着

●米潜水艦トリッガー（一九四四年四月八日）

松船団と称する九つの船団を使って、パラオやマリアナ群島へ内地から陸軍兵士を輸送することとなった。そのうち最大のものは東松四号で、商船二六隻、海防艦「隠岐」「天草」「御蔵」「福江」、海防艦2号、3号、駆潜艇50号、駆潜艇「五月雨」「朝凪」、水雷艇「鵯」の護衛よりなっていた。

一九四四年四月一日、東京湾から南下した船団は、八日、サイパン島の北方で米潜水艦「トリッガー」と遭遇した。ハワイから出てきた「トリッガー」は、五ヵ月前すでに旧式駆逐艦「呉竹」により損傷、修理を終わって出港してきたのである。

午前二時二十八分、船団司令官・清田孝彦少将の「五月雨」は、左真横一〇〇〇メートルから「トリッガー」の撃った雷跡二本を発見した。これを避けつつ船団を西へ逃がし、「朝凪」に攻撃させる。一時間二二分後、海防艦「隠岐」が潜望鏡を発見して爆雷を投下した。四時五十七分には「五月雨」が一六〇〇メートル先の目標を発見、四個を投下した。

「トリッガー」は初め九〇メートルに潜っていた時、同時に六個の爆雷が近距離で炸裂して、上部の通気パイプに浸水した。前部発射管室は浸水、QBソナーの頭部は感度が悪くなる。機関室、モーター室、ポンプ室も浸水し、対空用SD、水上見張用SJレーダーの両方とも使用不能となった。メイン・バラスト・タンクの第二空気室からは空気が漏れはじめる。前部の潜舵を動かす電気系からは火災が発生し、舵も具合が悪くなった。無線アンテナの基部も浸水し、艦内の温度は摂氏五四度にも達した。それでも「トリッガー」は作戦を続けた。

●米潜水艦ロバロ（一九四四年四月二十四日）

シンガポールで油を積んだタンカー七隻を空母「海鷹」、海防艦9号、「択捉」「壱岐」「占守」が守り、九州の門司に向かって出港したのは、四月二十一日のことであった。これはヒ五八船団と称し、「海鷹」には今回、第九三一航空隊から派遣された九七式艦上攻撃機一二機が積まれていた。船団が仏印サイゴンの東岸にさしかかったとき、オーストラリアからやってきた米潜水艦「ロバロ」がいた。同艦は日本機を見て一六メートルの深度にまで潜ったが、爆弾一発が左舷前部のすぐそばで炸裂した。

九七式艦攻は三人乗りだが、真ん中の偵察員(見張り、航法を担当)は主翼が邪魔になって、下方への見張りがやりにくい欠点があった。千葉県の館山航空隊では、一番前の操縦士と後方の電信・機銃員に見張りをやらせ、偵察員は航法のみに専念させたともいう。

さて、「ロバロ」の米水兵はあわてて操作を誤ったので、空気取り入れ口のバルブが、動力では閉まらなくなり、主エンジン空気取り入れ口の付近に浸水が起こった。バルブは人力で閉められたけれど、一時的に深度調節機能は失われた。前部で気泡を放ち、やっと深度一〇五メートルで降下を止めることができた。司令塔のハッチは上部のものも下部のものも、共にねじれたり、閉まりが悪くなったりした。約五〇個の電灯は切れてしまい、多くの道具、装置は調子が狂う。おそらく六〇キロではなく、二五〇キロ対潜爆弾であったのだろう。それでも「ロバロ」は作戦を続けた。なお「ロバロ」は日本艦船を一度も沈めたことのない艦である。また、アメリカ側では飛行機を一式陸上攻撃機と誤記している。

護送空母機の戦果は従来、なかなか裏づけがとれなかったが、今回明らかになったのは喜ばしい。この「海鷹」は戦前、南米東岸へ移民船として活躍した〝あるぜんちな丸〟を改造したものである。なお「ロバロ」の艦長マニング・キンメル少佐は、開戦時、ハワイでの敗北の責任をとらされた、太平洋艦隊司令長官ハズバンド・キンメル大将の息子であった。この「ロバロ」は二ヵ月後、電池の爆発で沈没する（第一部参照）。

●米潜水艦ピキューダ（一九四四年五月二十日）

支那（中国）方面艦隊では、沿岸に小型の貨物船を通し、これに数少ない兵力で護衛していた。南中国を担当する第二遣支艦隊の砲艦「橋立」（九九〇トン）は新鋭であり、揚子江用の河用砲艦（平底船）とは違う。ミニ海防艦としての役も果たせる「橋立」は、香港を基地として海南島や台湾の高雄への小船団を守ってきた。

第八八船団は陽海丸（二八〇七総トン、東亜海運）ほか八隻の商船よりなり、香港から高雄へ向かうものだった。「橋立」はこれを護衛する。乗船していたのは陸軍第二十二師団（原兵団、栃木県の兵）の兵士である。在中国の米第一四空軍は、しだいに強力となってきたので、今のうちに敵飛行場を占領してしまおうという一号作戦の準備の輸送だった。

だが船団は、一九四四年五月二十日、台湾付近（中国沿岸）で「ピキューダ」「ピート」「パーチII世」「ウルフフィッシュ」の四隻の狼群に襲われた。そのうち「ピキューダ」の艦長が兵学校卒業年度が古いので、彼が四隻を指揮した。「ピキューダ」は五月、ハワイから出撃したものであり、太平洋戦争中、一二隻の日本艦船を沈める。この中には駆逐艦「夕凪」や陸軍上陸母艦「摩耶山丸」（九四三三総トン、三井船舶）も含まれていた。

護衛が「橋立」だけでは少ないので、台湾の馬公警備府から敷設特務艇「円島」、特設駆潜艇錦水丸（八九総トン、日本水産）、洋明丸の三隻も北上、五月二十日、護衛に加わった。

そしてこの日、米潜水艦「ピキューダ」と遭遇したのである。

護衛艦の最初の爆雷三つがすぐそばで炸裂したとき、「ピキューダ」は、深度二一メートルにあった。第二回の爆雷は司令塔のすぐ横で爆発したので、「ピキューダ」は左側へ傾いた。三回目は艦尾の下方で炸裂したので、潜水艦は鼻先を下方に向けて大きく傾斜した。このとき、右舷主モーターのコンタクターは、一時的にストップしてしまう。「ピキューダ」はあわてて深く潜り、四五メートルまで降下したとき、四発の爆雷が追ってきた。七五メートルでも四発、さらに一三五メートル（日本の潜水艦は水圧に対する危険から、一二〇メートル以下に潜ることを禁止されていた）では三発が追ってきた。

第三、第四主モーターの電気ブラシ数本も、ショックで折れ飛んだ。機関の空気取り入れ筒は浸水、後部機関室の潤滑油系パイプもはがれた。後部発射管のジャイロ軸は曲がってしまい、油圧系の多くのバルブは開いてしまう。圧力計や温度計は破壊、左舷スクリュー軸は毎分五〇回転以上に回すとガタガタと騒音を発した。

いやもうさんざんだ。しかし「ピキューダ」はそのまま作戦を続け、二日後、またしても「橋立」と出合ってこれを撃沈するのである。「円島」にせよ「橋立」にせよ、第一、第二撃はよくやったが、とどめを刺しえなかったのは惜しい。

●米潜水艦ブルージル（一九四四年五月二十二日）

第九五四航空隊は一九四二年、九州の指宿で開隊した九九式艦上爆撃機の部隊だった。しかし、それはマニラに送られ、九七式艦上攻撃機に改められる。さらに零式水上偵察機も加わった。この水偵が砲艦「唐津」と協力して、フィリピンで米潜水艦「シスコ」を一九四三年九月に撃沈したことは、第一部で述べたとおりである。

このころ、零式水偵はそろそろ丸い大きなコイル（ループ）を付け、磁気探知機MADとして海中の潜水艦を捜すことを開始しようとしていた。マニラから第九五四航空隊の一部は、南フィリピンのセブ島に派遣された。豪北ハルマヘラ島沖では、二日前の五月二十日、宮浦丸（一八五九総トン、日本郵船）が米潜水艦「ブルージル」に沈められたので、セブ島派遣隊は警戒を厳重にし、東方へパトロールを続けた。

この「ブルージル」は一ヵ月前、軽巡「夕張」を撃沈したが、駆逐艦「夕月」に追い払われたことがあり、四月、オーストラリアから一回目の出撃をした艦である。「夕張」の一発目は深度一二メートルまで潜ったとき、もう一発は六〇メートルまで降下したときだった。一時、調節が不能となったのは、前部の潜舵の動力が失われたためである。手動に切り換え、かろうじて操作した。

前部電池室は電池が洩れはじめ、SJレーダーのマストは金具から飛び出して、はずれてしまった。それでも「ブルージル」は作戦を続け、「夕張」を含む一〇隻を撃沈するのである。なおアメリカ側では水偵ではなく一式陸上攻撃機と記している。

●米潜水艦レートン（一九四四年六月六日）

シンガポールから門司へ向かうホ〇二船団は、一九隻の商船を海防艦1号、8号、15号、

20号と敷設艦「蒼鷹」が守って、一九四四年六月三日に出港した。仏印サイゴンの東南三〇〇キロにさしかかった六月五日、海防艦15号が米潜水艦「レートン」に気づき、爆雷七個を投下した。「レートン」は五月、オーストラリアのフリーマントルから北上した艦だ。

翌日の午後十時二十四分、右横に三本の雷跡を発見した15号は、「レートン」に一二センチ砲を撃ったが、魚雷一本が命中して沈没した。返り討ちにあったのだ。残る1号、8号、20号海防艦らは、合計五七個もの爆雷を投下する。

初めの五発は、潜望鏡深度にあった「レートン」のすぐ背中で爆発した。QBソナーの旋回部分は、台からはずれて騒音を発し、艦橋のマイクも、多くのランプも切れてしまう。それでも「レートン」は作戦を続け、レイテ沖海戦ののち、重巡「熊野」を他の三隻とともに追跡するのである。計一三隻を沈める「レートン」のスコアの中には、海防艦15号、「壱岐」、給糧艦「鞍埼」（もと「おは丸」）なども含まれていた。

●米潜水艦サンドランス（一九四四年八月七日）

「サンドランス」は七月、オーストラリアより出撃した。同艦は古い軽巡「龍田」を含む一〇隻の艦船を沈めた艦として知られる。同艦がセレベスの北方で船団を攻撃しようとした八月七日、上空の九五式水上偵察機一機が、六〇キロ爆弾二発を投下した。そのとき「サンドランス」は深度二一メートルにあり、潜望鏡深度に上げようとしていた。

爆弾は艦尾の下方で爆発し、船体を一メートルも、ハジキ飛ばした。続いて護衛艦から爆雷が投下されたので、これを避けるため一三〇メートルまで潜る。この艦名は不明だが、セレベスの第二十三特別根拠地隊の艦艇の中で、この日、航行中でかつ対潜攻撃を行なったのはたった二隻。第五十四駆潜隊の長良丸（八五五総トン、三菱汽船）と鵲丸（四一七総トン、佐賀県の水産試験所）の二隻である。

「サンドランス」は左舷の減速装置がやられ、騒音を発するようになった。右舷の水深コントローラーもやられ、出力は三分の二しか出ない。後部発射管の中のマーク18型五三センチ電池魚雷の一本は、スクリューが回り出した。といって魚雷は熱く、発射管から素手で取り出そうとすれば、火傷を負うほど熱を帯びていた。だから「サンドランス」は深度三〇メートルまで浮上して、大急ぎで魚雷を発射する。この魚雷は発射管を飛び出して二〇秒後、早爆を起こした。減速装置のギアの具合が悪いので、「サンドランス」は作戦を中止し、右舷一軸だけで基地へ向かった。

「サンドランス」は損傷がひどく、本国へオーバーホールに送られたが八ヵ月後、やっと戦列に復帰したほどだ。長良丸か鵲丸か、どちらかはわからないが、特設艦船にもかかわらず、よく活躍したものだ。特設駆潜艇としては最大の長良丸は、九ヵ月後、ジャワ沖で米潜水艦「シーロビン」に撃沈される。

●米潜水艦タニー（一九四四年九月一日）

護送空母「雲鷹」は、もと北アメリカへの定期航路につく豪華客船八幡丸を改造したものである。九七式艦上攻撃機（第九三一航空隊）一二機を乗せた同艦は、ヒ七三船団の一隻として一九四四年八月二十五日、門司よりシンガポールへ向け南下した。船団はタンカー一四隻を練習巡洋艦「香椎」、海防艦「千振」、13、19、21、27号と「雲鷹」とが護衛についた。台湾〜フィリピン間のルソン海峡にさしかかった九月一日、「雲鷹」の九七艦攻一機が、米潜「タニー」に爆弾二発を投下する。「タニー」は半年前、パラオ沖で戦艦「武蔵」に魚雷一本を命中させたことがあり、八月、ハワイから南シナ海の絶好の猟場に出撃してきたものである。午後二時三十五分、あわてて潜航した「タニー」が三三メートルまで潜航したとき、左舷後方すぐ上で六〇キロ爆弾二発が炸裂した。

このショックで「タニー」は前後にマイナス四度〜八度も傾いてゆすぶられた。爆弾は深度二五メートルにセットされており、後部発射管室の前方左側の耐圧船体は皿のように凹んでしまう。凹みの深さは最大二・五センチだった。発射管のジャイロ設定用主軸は一〇本中、九本まで湾曲した。電路はショートして電圧が下がった。舵は右へ三度、曲がったままとなった。

「タニー」は息苦しくなり一瞬浮上したので、特設運送艦讃岐丸では「降伏したのか?」と思ったほどだった。あまりの近距離なので讃岐丸は、機銃を撃つ間もなく「タニー」は、ふたたび波間に姿を消した。讃岐丸も爆雷六個を投下した。「タニー」は故障続出のため、すぐ基地に帰った。このように護送空母機は敵潜水艦を撃沈したことこそないが、損傷させた例は三つほどあるようだ(敵艦名が判明しているもののみで)。なお第三十一航空隊(マニラの練習航空隊)も同一時、同一場所で、潜水艦一隻撃沈の戦果を主張している。

●英潜水艦ストーム(一九四四年九月二日)

インドのセイロン島コロンボには、英第八潜水戦隊があった。中型のS級が多かったので、マラッカ海峡での作戦のため、今回はインドに戻らず、オーストラリアに基地を進めることとなった。潜水母艦「メイドストン」も日本艦船と遭遇しないよう、ジャワの南を迂回して移動した。第八潜水戦隊の一隻「ストーム」も一九四四年八月二十五日、出撃、マレー半島の西岸にあった。

九月二日、「ストーム」は、インド洋北東端をノロノロと六ノットで走っている小船団を発見した。この辺りでは日本海軍は、商船も軍艦もごく小型のものしかもっていなかった。ビルマのタンガップ（ラムレ島のそば）基地では、機帆船に掃海特務艇1号、4号をつけ、第二十一魚雷艇隊の魚雷艇411号、412号の二隻を護衛につけていた。もっとも411号は、機関が故障したので美佐吾丸に曳航されていた。

潜望鏡では魚雷艇が見えなかったので、「ストーム」は小敵とあなどり、浮上してきた。そして一八〇〇メートルから後方の美佐吾丸に対し、七・六センチ砲を撃った。午後二時十分のことである。さらにビッカース七・七ミリ軽機二梃、エリコン社二〇ミリ機銃（スイス系）一梃まで撃ち出す。日本側も驚いて機銃を撃ちはじめた。その合計は九六式二五ミリ機銃五、九三式一三ミリ機銃四である。被弾で傷だらけの木造船、掃海特務艇1号は、体当りをこころみた。『One of Our Submarine』で著者エドワード・ヤングが「敵は非常に勇敢だった」とたたえている所以である。だがあと一五〇メートルというところで惜しくも沈没してしまった。

このとき、「ストーム」の艦橋の下方、エリコン機銃の下あたりに一発が直撃となった。

だが英軍に死傷者はない。一発の被弾では潜航も可能だった。このとき、離れていた魚雷艇411号が駆けつけ、魚雷二本を発射したが命中しなかった。もう一隻の412号が故障で戦闘できないのが惜しい。

日本側では「英潜水艦を撃って潜航不能に陥れた」と思い込んだ。ともかく激しい撃ち合いであり、「ストーム」は三つの機銃が「残弾なし」であり、七・六センチ砲は一五〇発余も撃った。特設掃海艇4号も沈められ、別の機帆船一隻も沈められる。緬甸（めんでん）（ビルマ）方面基地隊では、魚雷艇444号を急行させたが、海戦には間に合わなかった。

なお先のイギリス側資料は、日付を一九四四年八月三十日と記し、日本側とは三日の差がある。また掃海特務艇の番号は、「第二十一魚雷艇隊戦時日誌」と『The Japanese Naval Vessels at the end of War』とでは相違している。

●英潜水艦タリホー（一九四四年十月六日）

インド洋では小船団が錫、ニッケル、セメント、軍需品の輸送に当たっていた。マレー半島やアンダマン諸島では、英潜水艦はこれをあなどり、浮上砲撃戦を挑んでくる場合が多かった。水雷艇「雁」の体当たりで損傷した英潜水艦「タリホー」は修理を終え、セイロン島コロンボより一二ノットで出撃してくる。マラッカ海峡の南、スマトラ北岸では、駆潜特務艇2号（第一南遣艦隊＝シンガポール）と午前八時三十分に遭遇した。これは木造漁船スタイルのマスプロ船であり、九三式一三ミリ機銃二と爆雷二二個を搭載していた。「タリホー」は一〇センチ砲一と二〇ミリ機銃三である。「タリホー」は浮上して撃ち合っ衛隊の掃海艇になった）は、爆雷三個を投下した。
た。しかしすぐまた潜航した。駆潜特務艇（戦後、同型のものが保安庁の巡視船になったり、自

三〇〇メートル左真横にあった。小型艇を甘く見た「タリホー」は再度、浮上して砲撃戦を挑んできた。砲術長は一〇センチ砲手より六メートルほど高い位置から、双眼鏡に目をやりつつ、「初弾は遠すぎた。第二弾は九〇メートル下げ（近く）」と叫んだ。エリコン二〇ミリ機銃も火を吹く。つぎの弾丸は駆潜特務艇2号の後方に落ちて水柱を上げた。駆潜特務艇の艦橋付近で機銃の焰が発光信号のように光り、「タリホー」の艦橋に命中する。

潜水艦の主バラスト・タンクのケースに機銃弾が命中したとき、ドラムをたたいているような音がした。艦橋の左右にも穴が開いた。穴の大きさから一三ミリ機銃だと判断できた。だが、砲手がいくら待っても砲術長は指示を与えなくなった。彼は重傷を負って倒れていたのだ。レーダー・アンテナのケースにも被弾した。砲術長のすぐ横にいた艦長はカスリ傷一つ負わず、砲の指揮を引き継いだ。五発の一〇センチ砲が駆特2号の艦橋と後部に命中した。そのため艇尾に積んであった爆雷が誘発を起こす。大爆発が起こって駆潜特務艇2号は沈没した。重傷の砲術長は基地に帰る途中で息を引きとった。

やがて日本の水上偵察機一機が低空で飛来した。「タリホー」はルイス式機銃を撃ち上げた。これは第三三一航空隊機の可能性がある。なお「タリホー」は一ヵ月余りのちにも、敷設特務艇4号をニコバル諸島の東南岸で撃沈するのだが、そのときは前回にこりて浮上戦をあきらめ、一〇〇〇メートルから残った魚雷三本全部を放ったのである。よほど駆潜特務艇2号との戦いが傷手だったのであろう。

●米潜水艦アイスフィッシュ（一九四四年十月二十六日）

一九四四年秋に入るとフィリピン防衛のため、内地や中国から軍隊や軍需品が続々と送られてきた。これらの船団はひとまず台湾の高雄へ帰る。十月二十日、マニラを出た船団は番号ではなく、護衛の最有力艦＝駆逐艦「春風」の名をとり、春風船団と呼ばれた。商船一二隻を駆逐艦「竹」「呉竹」、給糧艦「鞍崎」、駆潜艇20号の五隻（「春風」を含む）が護衛する。

彼らは二十四日、米狼群「シャークII世」「ドラム」「スヌーク」「アイスフィッシュ」「シードラゴン」「ソードフィッシュ」などの集中攻撃を受け、さんざんの被害を出した。それでも「春風」は爆雷三四個を投下、「シャークII世」を撃沈した（第一部参照）。二日後の二十六日、同じルソン海峡でこの米狼群は、南下中の別のモマ〇五船団を襲った。それは内地から独立混成第五十四旅団や陸軍特攻艇隊を乗せてマニラへ向かう商船一二隻を、駆潜艇17号、18号、27号、28号、23号の五隻が守るというものだった。

新鋭の米潜水艦「アイスフィッシュ」は今回、初めての出撃であり、九月、ハワイから出撃してきたものだった。同艦は泰洋丸（四一六八総トン、東海汽船）を撃沈したが、その時、駆潜艇から一六個もの爆雷をルソン海峡で投下された。深度一二六メートルまで潜った時のことである。水圧系のオイルがやられて、多くのパイプから水が洩れはじめた。舵と前後の潜舵はイヤな音を立て、燃料、空気も洩れた。便所のタンクも水びたしとなり、前部発射管のジャイロ軸は曲がり、二番クーラーも破壊された。電気系統から小さな火災が発生し、

「アイスフィッシュ」は基地へ帰らねばならなかった。同艦はこの二つの船団から沈めた計二隻だけが、太平洋戦争で沈めた日本艦船のスコアとなった。

●米潜水艦ギタロー（一九四四年十一月六日）

レイテ沖海戦で大破した重巡「熊野」と「青葉」は、マニラの第一〇三工作部で仮修理ののち、マタ三一船団に加わって内地へ帰ることとなった。マタ三一とは、マニラから台湾の高雄へ行く三一番目の船団という意味である。それは商船六隻、海防艦26号ともう一隻、および第三南遣艦隊・第二十一駆潜隊の駆潜艇五隻が加わった一五隻よりなるものである。艦首をつぶし、缶をやられた「熊野」は、八ノットしか出ない。船団は一九四四年十一月五日、マニラを出港、翌日、マニラの北六〇海里のサンタ・クルーズでひと休みした。

十一月六日に出港後、マタ三一船団は浅瀬で米潜水艦四隻──「ブリーム」（半月前、重巡「青葉」を雷撃したもの）、「ギタロー」「レイ」「レイトン」の集中攻撃を受けた。彼らは計二三本もの魚雷を放ち、二本を「熊野」に命中させる。このとき「熊野」艦長は、「船団は『青葉』艦長が指揮して先航せよ。駆潜艇18号、38号は『熊野』を護衛せよ」と命令、二隻は爆雷六個を投下した。

米潜水艦「ギタロー」は深いところにいたが、さらにもう一五メートル深く潜った。「ギタロー」のSD・SJの二つともレーダーは破壊、後部潜舵と舵は台からはずれかけ、いやな音を立てはじめた。艦橋では電気はすべてショートし、通信機は使用不能、潜望鏡は二本とも調子が悪くなった。

同日、少し離れた北方で、掃海艇21号と第一南遣艦隊の零式水上偵察機も対潜制圧を行ない、一隻撃沈と主張している。負傷にもかかわらず「ギタロー」はパトロールを続けた。損傷の「熊野」を残して「青葉」らマタ三一船団は北上してしまう。のちに「青葉」は瀬戸内海で終戦を迎える。掃海艇21号が「熊野」の救助に来たが、十一月二十五日、「熊野」は米空母機の大空襲で沈没した。なお「ギタロー」は八隻の艦船を沈めるが、そのうち二隻は海防艦「淡路」と「草垣」である。

〈マタ三一船団〉

重巡「熊野」（艦長が船団指揮官となる）

重巡「青葉」

貨物船道了丸（二二七四総トン、日本郵船）

貨物船笠置山丸（二四二七総トン、三井船舶）

小型タンカー　四隻

護衛

第三南遣艦隊の第二十一駆潜隊

　駆潜艇18号、38号、ほか三隻

　掃海艇21号

海防艦26号

●米潜水艦ブルージル（一九四四年十一月十七日）

米潜水艦「ブルージル」は四ヵ月前、南フィリピン・ダバオ沖で軽巡「名取」に魚雷を発射したが、命中しなかった苦い思い出がある。同艦は戦争中、一〇隻の日本艦船を沈めたが、中には軽巡「夕張」も含まれていた。「ブルージル」は九月にオーストラリアより北上、十月、フィリピンの西方で日本船三隻を沈め、セレベス西方のマカッサル海峡を経由して帰りかけた。

同艦は十一月十七日、日本船団を発見した。それは掃海艇8号、その他に守られた万洋丸（二九〇四総トン、東洋汽船）であり、十一月十六日、ボルネオ北東岸タラカンより南下、南東岸バリクパパンへ向かっていたときのことだった。掃海艇8号、その他も「ブルージル」を発見、爆雷を投下した。そのとき、「ブルージル」は深度九四メートルにあった。爆雷で船体は一一五メートルまで押し下げられ、前部魚雷積み込み口は一瞬、開いてしまう。JP音響兵器は使用不能。主バラスト・タンクの弁を操作する装置にも水洩れが起こった。第三衛生タンクも排水孔から浸水する。後部潜舵のモーターの動きも円滑を欠いた。電球は切れ、多くの弁は故障してしまう。それでも「ブルージル」はパトロールを続けた。船団は十一月十九日、無事、バリクパパンへ到着した。第二十一特別根拠地隊の掃海艇8号はスラバヤで終戦を迎えている。

●米潜水艦ロンキル（一九四四年十一月十七日）

米潜水艦「ロンキル」がハワイを出たのは、一九四四年九月のことであった。同艦は十一月十七日、日本本土のはるか洋上で第二十一戦隊の監視艇ふさ丸（一七六総トン、千葉県水産試験所）を発見する。「ロンキル」は浮上して四〇ミリ・ボーフォス機関砲と一二・七センチ砲で攻撃した。ふさ丸はロクな武装をもっていなかったので、たちまち大破、放棄された。

一方「ロンキル」は、後部発射管上の魚雷積み込み口で爆発を起こしてしまう。船体の耐圧部は二ヵ所で貫通していた。失敗したのは「ロンキル」の四〇ミリ砲弾が、後甲板に張ってあったワイヤに触れて炸裂したことだ。「ロンキル」はパトロールを中止して修理のため、基地へ戻った。

すでに述べた第五恵比須丸の例をまつまでもなく、孤独な監視艇は、米潜水艦に見込まれたら大抵、沈没である。なお、「ロンキル」は商船二隻という乏しいスコアだが、それは艦長の腕が悪かったからではなく、竣工が新しかったので、戦果を上げる暇がなかったためであろう。

●米潜水艦パーゴ（一九四四年十一月二十六日）

燃料補給を任務とするＴＭ型戦標タンカー、雄鳳丸（五二二六総トン、飯野海運）がある。同艦からの給油のおかげで、栗田艦隊はレイテ湾に向け出撃できたとも言える。その後、雄鳳丸は海防艦「千振」、17号、19号の三隻に守られてボルネオのミリからマニラへ航空用ガソリンを運んだ。この輸送をくり返すためふたたびミリに向かったこの船団は、一九四四年十一月十五日、マニラを出港した。だが目的地付近で二十六日、米潜水艦「パーゴ」に雄鳳丸は撃沈された。

「パーゴ」は敷設艦「蒼鷹」や駆逐艦「野風」など、計九隻を沈める艦であり、十月にオーストラリアのフリーマントルから出撃してきたものである。この「パーゴ」に対して「千振」、17号、19号のうち二隻は爆雷を投下、「パーゴ」の補機の排気管バルブが閉まってしまった。動力でも人力でも開かない。発電機の電気回路のブレーカーが飛んだ。二号電動蒸留機はわずかに洩れ始め、SJ水上見張用レーダーの一部は故障した。それでも「パーゴ」は作戦をやめなかった。

「千振」はのち雄鳳丸の船体の浮いていた部分を曳航してミリに入った。なお「千振」はこの少し前、米潜水艦「グローラー」を駆逐艦「時雨」と協力して沈めたばかりだった（第一部参照）。

●米潜水艦バーガル（一九四四年十二月十三日）
レイテ沖海戦で損傷した第五戦隊の重巡「妙高」は、シンガポールの第一〇一工作部で仮修理を終え、内地に帰るべく一九四四年十二月十二日、北上を開始した。損傷した駆逐艦「潮」（第一水雷戦隊）も内地へ帰るため護衛についた。一方、米潜水艦「バーガル」は特務掃海艇102号（香港で捕らえた未成の英掃海艇ワグラン）と海防艦53号ら四隻を撃沈するのだが、今回は大物、重巡「妙高」を捕らえた。「バーガル」は十二月、オーストラリアのフリーマントルから出撃してきた艦だ。

SJレーダーで同艦が三二〇〇メートル彼方に、一三ノットで走る目標、「妙高」を発見したのは、一九四四年十二月十三日夜のことであった。場所は仏印の南端、カモー岬のわずか東南の沿岸である。「妙高」の右斜め前には「潮」があり、「バーガル」は「妙高」の左真横にあった。海は二〇～二五メートルという浅海だったから、「バーガル」は浮上したまま攻撃した。

艦首発射管から六本の魚雷を発射し、二本が命中する。月のない夜だった。「妙高」は仏印サンジャックの沖で十二月十三日午後十時、後部に魚雷が命中したため、一軸六ノットしか出ず、大火災を発生する。左スクリュー軸、その他をやられたのだ。被雷のため「妙高」は操舵不能、航行不能に陥った。「妙高」は二連装の二〇センチ砲塔一基だけを動かして、三回の一斉射撃で反撃する。一弾は「バーガル」の後方に着弾した。もう一発は前部発射管室への魚雷積み込み口に左から右へと命中した。

「バーガル」の耐圧船殻には大きな穴がポッカリと開いた。ところが惜しくも信管の不良から、せっかく命中したのに爆発しない。第三次ソロモン海戦で米戦艦「サウスダコタ」に命中した「愛宕」「高雄」の二〇センチ砲弾の例でも、不発弾が多かった。

爆雷によるものではないから、普通の損傷状況と異なり、船体からハジキ飛んだ破片で主バラスト・タンクよりの右舷排気孔が破壊される。発射管室の天井の電線が切断、小火災が発生して電気回路はカットした。「バーガル」は一度も潜航せずオーストラリアへ逃げ帰ることとなる。「潮」は追って来なかった。

この「バーガル」に対しオーストラリアの司令部では、三隻の潜水艦に、「『バーガル』の救助に行け」と命令したが、「アングラー」だけが二日後、合同できた。司令部では「乗組員を『アングラー』に移して自沈せよ」と命令したが、「バーガル」艦長はこれを無視、どうやら基地に帰ることができた。

　太平洋戦争中、敵潜水艦に命中弾を与えた巡洋艦は「妙高」ただ一隻である。蛇足だが、「妙高」のその後の救助が大変だった。第二水雷戦隊旗艦の「霞」が救助に駆けつけたが、やがて「初霜」と交代、重巡「羽黒」もシンガポールから駆けつけて曳航した。対潜警戒に海防艦「千振」「沖縄」、35号、25号、哨戒艇102号（もと米旧式駆逐艦スチュアート）、敷設艇「新井崎」の六隻も集まった。「妙高」がシンガポールに入港したのは、一九四四年十二月二十五日だった。

●米潜水艦レッドフィッシュ（一九四四年十二月十九日）

　空母「雲龍」が陸軍グライダー部隊と特攻ロケット桜花を積んでマニラへ向け呉を出港したのは、一九四四年十二月十七日であった。護衛は「時雨」と新鋭第五十二駆逐隊の「檜」「樅」の三隻だった。彼らは十二月十九日、沖縄の南、宮古島の北、東シナ海にいた米潜水艦「レッドフィッシュ」のため「雲龍」を撃沈されてしまう。「レッドフィッシュ」は以前、商船四隻を沈めたほか、空母「隼鷹」を一〇日前、「シーデビル」と共に狙ったこともあった。同艦は十月、ハワイから出撃してきたものである。

「檜」は「雲龍」沈没から七分後の午後五時、前方三〇〇メートルに潜望鏡を発見した。爆雷一二個を投下したとき、「レッドフィッシュ」は深度七〇メートルに隠れた。前部トリミング・タンクの前で耐圧内殻が皿のように凹んでしまい、前部発射管室はシワが外板にできてしまった。第二次攻撃は午後六時五十四分で、爆雷九個。油圧計の油がショックで流出したので、ポンプ室の累算器へのパイプがおかしくなった。油圧計が動かなくなったので、まう。

JK-QC音響装置が出っぱなしで上がらなくなり、艦底が海底に触れたとき、破壊してし

艦尾の八番発射管内にあった魚雷は、ショックでモーターが回りはじめた。水密区画の止め金がゆるくなって、ドアが突然開いて、水兵の頭にぶつかり、一方の耳を切断する。JRソナーの軸は水圧で湾曲し、その頭部にも海水が入った。前部にある電池のうち、少なくとも一二個に割れ目ができた。内部の硫酸が出てきたら大変だ。電気系は故障が続発した。

「檜」は油を引いた「レッドフィッシュ」の上方を乗り切って、荒天下、爆雷三個を投じ、とどめを刺したと思った。だが傷だらけの同艦は沈まず、作戦を打ち切ってハワイへ帰った。

なお「檜」クラス護送駆逐艦の四式水中聴音機は、他艦の九三式より一一年新しいだけに、聴音能力は良好だった。「檜」と「樅」は一ヵ月後、米第七艦隊のリンガエン湾(ルソン島西岸)上陸に遭遇、オーストラリア護送艦らに追われたのち、米護送空母機に沈められる。

一九四五年（昭和二十年）

●英潜水艦シェークスピア（一九四五年一月三日）

英潜水艦「シェークスピア」は一九四三年、地中海コルシカ島のドイツ軍飛行場を艦砲射撃したり、イタリア潜水艦「ベレラ」を撃沈した殊勲艦である。一九四四年九月、オーストラリアに移った第八潜水戦隊の旗艦「メイドストン」は、配下のSクラス潜水艦を東部インド洋やマラッカ海峡に配置した。

「シェークスピア」は十二月三十一日、雲龍丸（二五一五総トン、拿捕船）を撃沈して士気が上がっていた。翌一九四五年一月二日朝、同艦は、アンダマン諸島ポートブレア沖で懸丸（あがた）を発見して魚雷を発射したが、四本とも命中しない。そこで立腹した「シェークスピア」は、四、五〇〇〇メートルまで距離を開いて浮上、「シェークスピア」は七六ミリ砲とエリコン二〇ミリ機銃で砲撃してきた。

懸丸（三〇二総トン、福岡の九州郵船）は特設捕獲網艇であった。それは長さ一〇〇メートルの網をもつ一種の駆潜艇であるが、外観は貨物船時代と大差ない。前部に短八センチ砲一門を付けているくらいの相違だ。同艇は東インド洋のアンダマン諸島にある第十二特別根拠地隊所属の艇だった。この部隊はマラッカ海峡とビルマのラングーン（第十三特別根拠地隊）との中継地としての役目を果たしたのである。懸丸は「シェークスピア」の七六ミリ砲弾が命中、損傷した。短八センチ砲と七六ミリ砲なら日本側の方が有利なような気がするが、特設船舶に付けられていた短八センチ砲とは二三口径と砲身が短く、大正時代の呂号潜水艦からはずした代物である。戦艦が演習のときに用いる外膅（がいとう）砲と同じだ。

この撃ち合いに第十二特別根拠地隊は驚いた。同隊には次表のような艦艇があったが、すぐ出撃してきたのは、二九七トンの敷設特務艇1号だけだった。それは漁船スタイルのミニ軍艦で、機雷四〇個を搭載することができた。砲はなく、九三式一三ミリ機銃だけだ。

懸丸の短八センチ砲は「シェークスピア」の右舷中央部の水線付近、耐圧船殻に命中した。だが砲身は二三口径と短いので、破壊力に欠ける。それでもコントロール室、エンジン室、無電室、コントロール室の下の補機室に海水が侵入した。「シェークスピア」の二〇ミリ機銃は故障、七六ミリ砲の砲手二名は負傷する。距離たった九〇〇メートルに迫って撃った懸丸の四発が命中、交代した英砲手は足を焼傷した。駆けつけた敷設特務艇1号は、四〜五〇〇メートルから機銃を撃って、左舷に傾いた懸丸の救助に向かう。

「シェークスピア」は潜航不能となり、ジャイロ・コンパスも無線機も使用不能に陥る。同艦は右舷エンジンだけで七ノットで逃げ出した。日本側の二隻も避退した。その代わりペナンから第九三六航空隊の零式三座水偵二機が飛来した。それは後方から低空で六〇キロ爆弾一発を投下、爆弾は「シェークスピア」の左舷一八メートルの所に落下した。三〇分もの間、水偵は真ん前から、あるいは後方から投弾したり、後部の七・九ミリ旋回機銃で甲板を掃射した。水偵はのべ二一機も飛来したが、隊長機は敵の機銃に撃墜されてしまう。

損傷して潜航できない潜水艦ほど弱いものはない。午後二時二十分、敷設特務艇1号が右舷後方から追ってきた。「シェークスピア」の艦長は機密書類の焼却を命ずる。以降、日本軍は戦闘機や爆撃機さえ、つぎつぎと投入し、合計二五回も攻撃してきた。おそらく第十三航空隊（教育部隊）の九六式陸攻や第三三一航空隊の零戦であろう。六〇キロから最大五〇〇キロ爆弾も投下されたという。せっかくここまで追いつめたのだから、どうしてもとどめを刺したいところだ。弾片や機銃掃射で「シェークスピア」は一七名が負傷したが、うち二名は重傷だった。

一月五日になると、速力は五ノットしか出なくなり、左舷に七度も傾いて走っていた。救援を呼びたくても無線機は破損して使えない。幸いにも同じ部隊の潜水艦「ステイジァン」と遭い、同艦に護衛されつつ戦死者一名を水葬にした。「ステイジァン」よりの急報で、駆逐艦「レイダー」が駆けつけて曳航した。さらに新鋭の駆逐艦「ウェルプ」が交代して曳航、「シェークスピア」は一月八日、やっとセイロン島ツリンコマリに入港した。じつに危機一髪だった。

〈第十二特別根拠地隊〉

敷設特務艇1号（二九七トン）

巡視艇第二北洋丸

巡視艇101号（隼）

特設捕獲網艇懸丸（三〇二総トン）
魚雷艇438号、439号、445号
東部インド洋アンダマン諸島、一九四五年一月現在

●米潜水艦グリーンリング（一九四五年一月二十五日）

いずれ米軍が沖縄に上陸してくると判断した日本海軍は、台湾〜沖縄間の石垣島の防衛を固めるため、第三十八震洋隊（体当たりモーターボート五〇隻）を送ることとなった。第二輸送隊として海防艦22号、駆潜艇58号が特設砲艦長白山丸（二一三一総トン、朝鮮汽船）を護衛して内地を出たのは、一九四五年一月十八日のことである。だが途中、九州の南西方で二十一日（アメリカ側では二十五日と記し、食いちがいがある）、海防艦22号らが敵をキャッチし、午前七時四十分〜十時三十分、爆雷を投下した。

相手は米潜水艦「グリーンリング」である。同艦はのちに、特設巡洋艦金城山丸（三二六二総トン、三井船舶）、哨戒艇35号（もと駆逐艦）、同46号（同）を含む計一五隻を撃沈する猛者である。そして一月、ハワイから出撃してきたものだった。他方、海防艦22号は五ヵ月前、米潜水艦「ハーダー」を、四ヵ月前には浮上砲撃戦で「サーモン」を大破、放棄させた殊勲者であり、つい一ヵ月前には新鋭空母「雲龍」の前路警戒を行なったこともあった。

こんなベテランと遭遇するなど「グリーンリング」も運が悪い。驚くなかれ三隻は、二時間半の間に合計九五個もの爆雷を投下した。いくつかの爆雷は深度九〇メートルにいた「グリーンリング」の頭上で爆発、そのショックで船体は一〇八メートルまで押し下げられた。

主エンジンの消音機は二つとも破壊、耐圧船殻は数ヵ所が皿のように凹んでしまう。ポンプ室の高圧空気の第二圧縮機の台はひびが入った。ショックで発射管内で魚雷五本が作動しはじめた。方位を知るジャイロ・コンパスは二つとも水銀が飛び出してしまう。とくに船体後部ではいろいろな損害を生じた。「この海防艦はなかなかのしたたか者だ」と「グリーンリング」艦長は思った。

夜、海防艦22号は米潜水艦同士が四二三五キロ・サイクルで会話しているのを聞いた。おそらく同じ狼群「ビルフィッシュ」か「セイルフィッシュ」に対し、「グリーンリング」が救助を求めていたのに違いない。「グリーンリング」は作戦を中止、やっとサイパン島までたどり着いた。同艦の損害はあまりにひどいので放棄され、米本土東岸、ニューロンドンの潜水艦基地に永らく繋留されたままとなった。つまりとどめを刺すことはできなかったけれど、二度と戦闘に参加できなくしたわけだ。さすが海防艦22号である。

なお三隻の石垣島輸送隊（第二）は一時、迂回コースをとって避泊後、一月二十八日、石垣島に到着した。あるいは「グリーンリング」大破の殊勲は水雷艇「真鶴」（第四海上護衛隊）と掃海艇15号（佐世保防備戦隊）、特設掃海艇三号、太平丸（一九七総トン）のチームである可能性も強い。この部隊は前日、鹿児島から南下、沖縄に向かう小船団を護衛していたのである。

●米潜水艦スレッドフィン（一九四五年一月三十日）

数ある海防艦の中でも、敵潜水艦撃沈、撃破の報告の多いのは4号である。同艦は同じ三式（昭和十八年正式採用）水中深信儀でも、他艦のものより整備状態が良好だったのか、あるいは少年水測兵の耳がよほど、よかったのに違いない。

昭和二十年に入ると、硫黄島に米海兵師団が上陸してくる気配が感じられた。そこで手前の小笠原諸島の防衛を固める必要があった。一九四五年一月、横須賀から父島へ南下した第三一二二船団が、第四一二七船団と改名し、帰途についたのは一月二十八日のことであった。一月三十一日、上空には第九〇三航空隊の艦上攻撃機が直衛についた。第九〇三航空隊とは去る十二月、千葉県館山で開隊したばかりの海上護衛用兵力である。九六陸攻、九七艦攻、零式三座水偵よりなり、父島、伊豆の八丈島、和歌山県串本などにも分遣隊を置いており、主として硫黄島や本土東部のシーレーン確保が任務だった。

艦攻一機は午前十一時四十五分、御蔵島の沖二一海里で米潜水艦を発見した。相手は「スレッドフィン」である。十二月にハワイから出撃してきた同艦は前日、一星丸（一八六四総トン、扶桑海運）を撃沈して士気が上がっていた。同艦は三ヵ月後、戦艦「大和」が沖縄へ出撃するのを発見する艦だ。半晴のもと爆撃を終えた艦攻は海防艦4号を敵潜水艦へ誘導した。「スレッドフィン」が最初の爆雷投下を受けた時、同艦は深度九〇メートルにあった。「スモーター冷却系へのパイプはひどく水洩れをはじめ、海水のしぶきが艦内に飛び散る。「スレッドフィン」は深度一三五メートルまで潜って息をひそめた。乗組員はバケツで水をくみ出し、主モーターに水がとどかないよう努力した。そして「スレッドフィン」はなおパトロールを続ける。第四一二七船団は二月二日、横須賀に到着した。

●米潜水艦バーフィッシュ（一九四五年二月十一日）

小笠原の父島に対する軍需品輸送はますます必要に迫られた。船団は商船三隻を海防艦49号、56号、駆潜特務艇一隻が護衛したものであり、二月六日、千葉県館山から出港した。翌日、商船一隻が被雷したので、海防艦56号が横須賀に連れ戻った。二月九日、父島に着いた船団は、荷役を終えてすぐとって返す。

翌十日の午後八時、海防艦49号は三〇〇〇メートル彼方に、三式深信儀の反応をキャッチした。近くによって計三九個の爆雷を投下すると、暗夜の海面に夜光虫の輝きと共に無数の気泡がわき出した。これは一月、ハワイから出撃した「バーフィッシュ」のものである。同艦は太平洋戦争中、日本の艦船を一隻も沈めていない。また深度一三五メートルまでのいろいろな深さにいたとき、飛行機からも爆弾二〇個を投下された。おそらく父島の零式三座水偵であろう。

この攻撃で「バーフィッシュ」は五番発射管の魚雷のエアパイプが洩れ出した。ネガチブ・タンクもバルブから水洩れが起こった。だが「バーフィッシュ」は作戦を続けた。

●米潜水艦ピート（一九四五年三月五日）

フィリピンの失陥により、シンガポールから内地へ油を運ぶヒ船団のシーレーンは、ぷっつりと切断されそうだった。そこで、今のうちに商船の大半をこれに投入して、油輸入を強行しようというのが南号作戦である。これには途中のコースに当たるあちこちの航空隊の派遣隊が協力、潜水艦狩りを行なうこととなる。海南島の三亜には第九〇一航空隊の派遣隊があった。九〇一航空隊は一九四三年、千葉県館山で開隊した古い九六式陸攻や九七式飛行艇よりなる部隊である。海上護衛が専門だから、H6型レーダー（川西および日本無線製）や磁気探知機MADを付けたものもある。

三月五日の夜、レーダーを装備した日本機が、深度二四メートルにあった米潜水艦「ピート」に爆弾三発を投下した。南シナ海、海南島の沖である。「ピート」は日本商船七隻を沈める艦で、ハワイから一月に出撃してきたものだった。爆撃で油圧系がだめになり、油圧が増したので、自動的にバルブが開いてしまう。一二・七センチ砲の軸も湾曲した。だが「ピート」は作戦行動を続けている。

●米潜水艦バヤ（一九四五年三月二十一日）

さきに述べた南号作戦では多くの船団が往復したが、その一つにヒ八八i船団がある。それは商船六隻（貨物船はドラム缶を積んでタンカーの代用とした）を次表のような艦艇が護衛したものだった。彼らが仏印（現ベトナム）の東岸まで来たとき、米B25双発爆撃機や潜水艦「バヤ」に襲われてほとんど全滅してしまう。だが駆潜艇9号は爆雷二一個を投じて深度六六メートルにあった「バヤ」を制圧した。

最初の爆発は「バヤ」を深度八一メートルまで吹き飛ばした。電灯は消え、司令塔のハッチははずれて、バタバタと音を立てた。方位を知るジャイロ・コンパスは二つとも調子が狂い、いろいろな海水バルブは一～五回も締めなおさねばならないほど、わるくなってしまう。それでも「バヤ」は作戦を続けた。

〈ヒ八八i船団〉
商船六隻
護衛
電纜敷設艦「立石」
駆潜艇9号
駆潜艇33号
特設駆潜艇開南丸（五二四総トン）
その他一隻
昭和20年3月5日、シンガポール発、門司へ向かう（注、電纜敷設艦とは敵潜水艦の音を捕らえるマイクのケーブルを設置する軍艦）。

●米潜水艦ブラックフィン（一九四五年三月二十八日）

南号作戦最後の船団としてシンガポールを出たのがヒ八八J船団である。それは次表のような内容だった。だが三月二十八日、仏印の東岸まで来た時、米潜水艦「ハンマーヘッド」や中国大陸から来た米第一四空軍機の爆撃を受けた。護衛にはヒ八八i船団の生き残り海防艦1号、駆潜艇9号、20号も加わったが〝焼け石に水〟だった。海防艦84号は船団の後方に位置し、134号と26号が爆雷計七個を投下した。

米潜水艦「ブラックフィン」は三月、オーストラリアのフリーマントルから北上したもので、攻撃のそば杖を食った。まだ戦果をあげないうちに、深度三〇メートルで海防艦26号の爆雷が頭上および右方で炸裂したからだ。前部の潜舵はマイナス八度のまま動かなくなり、後部の潜舵の油圧動力も失われた。ショックで前部発射管室のマーク18型電池魚雷三本と後部のマーク23型スチーム魚雷（いずれも直径五三センチ）一本とが作動してしまった。前部に浸水があり、水密ドアは一部、開いてしまう。後部電池室にも一部、上方から浸水をみた。四つの主エンジンのクランク・ケースにも、割れ目が一五センチもできた。無線アンテナは全部だめになる。計器、メートル・ランプは破壊したので、「ブラックフィン」は基地に帰った。

商船は全滅、護衛の数隻だけが残る。南号作戦の最後を飾る戦いも「ブラックフィン」にとどめを刺すことができず、傷を負わせただけで逃がしてしまったのである。

〈ヒ八八J船団〉

商船七隻

護衛

海防艦134号、130号、18号

海防艦84号、26号

海防艦「満珠」

駆逐艦「天津風」

一九四五年三月十九日、シンガポール発、門司へ向かう（南号作戦、最後の船団）。

●米潜水艦チャー（一九四五年四月十六日）

スラバヤの第二南遣艦隊には、付属水上機隊があった。それは零式三座水偵や強風（水上戦闘機）、二式水上戦闘機（零戦に浮舟をつけたもの）などの混成部隊だった。

「チャー」はオーストラリアのフリーマントルから四月、北上したばかりだった。スラバヤ北北西のジャワ海で「チャー」は二式水上戦闘機一機を発見し、深度二四メートルまで潜った。しかし三〇キロ小型爆弾を四発投下された。二式水戦は二発しか搭載できないはずだから、二機いたのかも知れない。

爆発のため油圧系が壊れ、弁が開いてしまい、タンクへ油が逆流した。前後の潜舵の動力は一時的に失われる。第二潜望鏡のレンズも壊れた。水素燃焼部へも故障が起こったが「チャー」は航海を続けた。なおアメリカ側資料は四月十二日と記し、四日の差がある。「チャー」は一ヵ月後、ジャワ海で重巡「足柄」を待ち伏せするのだが、会敵できず英潜水艦「トレンチャント」に名をなさしめる艦だ。

●米潜水艦シーホース（一九四五年四月十八日）

第一海上護衛艦隊司令長官岸福治中将は、四月になるとA／S三号作戦を発令した。それは対馬海峡や東シナ海へ対潜掃討部隊を送ることであり、二月以来、三回目のことだった。たんなる商船護衛ではなく、キラー・グループを危険海面へ送り込むのだ。第十二海防隊の14号、132号は、今回の作戦で第一〇三戦隊（防空駆逐艦「春月」）の指揮下に入った。

四月十八日、二隻は朝鮮の南、済州島の南東で米潜水艦「シーホース」が浮上しているのを発見した。「シーホース」は潜水艦呂四五、海防艦21号を含む計二〇隻を沈める艦（六位）であり、三月、ハワイから出撃してきたところだった。爆雷八個が投下された時、「シーホース」は深度九〇メートルから一二〇メートルまでハジキ飛ばされた。以降、もう四〇個投下されたが、今回はさほど近くはなかった。

主軸の減速装置（回転軸の）はイヤな音をたてはじめ、とくに右舷のものは歯車のベアリングが壊れたので、音がひどかった。第四主エンジンの排気弁は締まらなくなり、第二、第四エンジンへの清水タンクにはひびが入ってしまう。エアコンの圧縮機は台座からはずれ、後部電池室からは酸が床にこぼれた。三つの区画の耐圧船殻からは水洩れが起こった。バルブが破壊されて主エンジンの空気取り入れ口から海水が入り、SD対空用レーダーのマストのシリンダーにも浸水があった。無線アンテナの絶縁体も壊れた。補助タンクが浸水したのは、締まらなくなった海水バルブのためである。魚雷発射用のデータ・コンピューターも台座からはずれてしまった。四〇ミリ機関砲は左右にも上下にも動かなくなり、一二・七センチ砲の給弾ドアもハネ上がって水が入った。

身体中、傷だらけとなった「シーホース」は、作戦を中止してハワイへ帰った。完全にオーバーホールしなければならないほどだ。そのFMソナーは僚艦「シードック」に付け変えられた。

●米潜水艦コビア（一九四五年五月十四日）

第二南遣艦隊・第九特別根拠地隊の敷設艦「初鷹」は、なかなかのスゴ腕だった。同艦は五月四日、シャム湾内で米潜水艦「ラガート」を撃沈した（第一部参照）。つぎに同艦は仏印南岸のハチエンから鳥取丸（五九七三総トン、日本郵船）を護衛して、五月十三日、シンガポールに向かった。翌日、米潜水艦「コビア」がシャム湾で鳥取丸に魚雷二本を放ったが、命中しない。「コビア」は敷設艦「由利島」、運送艦「白沙」（もと中国の税関船「福星」〈フーシン〉）ら六隻を沈めた艦であり、四月、オーストラリアのフリーマントルから出てきたところだった。

敷設艦「初鷹」が最初の爆雷を投下した時、「コビア」は水深三六メートルにあったが四五メートルにまでハジキ飛ばされる。合計一六個の爆雷のため、「コビア」はトイレの弁が開いてしまい、一〇本のうち六本の発射管のジャイロ軸が曲がってしまう。電池や発電機からは炎と白煙が上がり、高圧空気が飛び出した。JK－QD音響装置は破壊、後部電池室と主エンジン室に浸水があった。けれど「コビア」は作戦を続けた。なお対潜作戦のベテラン「初鷹」も、二日後の五月十六日、マレー半島沖で米潜水艦「ホークビル」に沈められる。

●米潜水艦パーシェ（一九四五年六月二十六日）

横須賀防備戦隊の海防艦「四阪」は、商船三隻（戦後、海上保安庁の灯台船となって南極へ行った「宗谷」を含む）を護衛して六月二十四日、横須賀を出港した。

青森県大湊方面へ向かうのであり、同じ部隊の駆潜艇50号も同航する。二日後、岩手県山田湾、宮古の東方で米潜水艦「パーシェ」のため、商船二隻を失った。「パーシェ」は掃海艇3号と商船七隻を沈めた艦であり、五月、ハワイから西航してきたものだった。

海防艦「四阪」は深度九〇メートルの「パーシェ」に一六個の爆雷を投下した。バルブが開いてしまったので、第二衛生タンクに海水が混じった。食堂や洗面所にも浸水する。「パーシェ」は艦首を八度下向きにして、一六五メートルまでグングン潜ってしまった。これ以上潜ると危険だ。軸の減速装置は騒音を発し、マーク7型ジャイロ・コンパスは使用できなくなる。ソナーを旋回させるモーターは二つとも浸水した。

のちに掃海艇23号、27号、駆潜艇51号、掃海特務艇（木造で漁船型）6号のほか、第九〇三航空隊の山田派遣隊水上偵察機（九四式？）も駆けつけ、計六七個もの爆雷を投下したという。それでも「パーシェ」は作戦を続行した。

●米潜水艦ホークビル（一九四五年七月十八日）

南西方面艦隊の旧式駆逐艦「神風」は、終戦も迫った当時、南方地区で行動可能な唯一の大型艦だった。同艦は七月十五日、小型タンカー三隻を守り、特設掃海艇利(とし)丸（二九三総トン、大洋捕鯨のキャッチャーボート）ほか二隻とともにシンガポールを出た。仏印沿岸へ向け六ノットで北上するのだが、マレー半島東岸は浅いので対潜は容易だった。

三日後、船団は米潜水艦「ホークビル」と遭遇した。同艦はオーストラリアのフリーマントルより七月に出撃してきたもので、護送駆逐艦「桃」、駆潜特務艇144号、敷設艦「初鷹」と商船一隻を撃沈した殊勲艦だった。

出港三日目、「神風」は右横に「ホークビル」の潜望鏡を発見した。六〇〇メートルまで接近したとき、雷跡三本が見える。二一ノットで爆雷を投下すると、後方に「ホークビル」の艦首が七〇度の角度で突き出ていた。「神風」艦尾の四〇ミリ二連装機銃が火を噴いた。

敵はすぐ三三メートルの浅海に沈座する。

「ホークビル」の右舷減速装置はノッキングを起こし、深海用温度計は破壊されて、修理不能。正、副二つのジャイロ・コンパス（方位を知る磁石）から水銀が飛び出し、無線機も破壊、JC-QC音響兵器のコントローラーは使用不能となった。

計一七発の爆雷に対し、「ホークビル」も計九本の魚雷を放って反撃したが、すべて回避された。「ホークビル」は作戦を中止してオーストラリアへ修理に帰った。戦後、二人の艦長は文通し、互いに相手を褒め合ったという。

●英潜水艦テュール（一九四五年七月）

第一部で、米潜水艦「ブルヘッド」が八月、陸軍第三航空軍（司兵団）の第八十三戦隊、固定脚の九九式軍偵察機により沈められたことは述べた。しかしすでに第八三戦隊は兵力が疲労して、三分の一ずつに細分され、三ヵ所に分散していた。その一つに独立飛行第七十三中隊がある。同隊はバリ島デンバサルに二機を常駐させ、これで対潜警戒を行なっていた。

英海軍は第八潜水戦隊をセイロン島からオーストラリア西岸のフリーマントルに前進させていたが、一九四四年十二月、同隊の潜水艦「タニティ」とオランダ潜水艦「ツワードフィッシュ」が、ロンボク水道（バリ島東岸）で爆撃されて哨戒を中止、基地へ帰って以来、ここは鬼門となっていた。一部の英艦長はわざわざ遠回りしても、ロンボク水道を避けたほどだ。だが英潜水艦「テュール」の艦長はそんなことにおかまいなく、同水道にこっそりと夜、近づいた。

この「テュール」は去る一九四四年七月十六日、マレー半島ペナン沖で日本潜水艦を雷撃したことがあった。だが信管が鋭敏すぎて魚雷が早爆を起こしたため、日本潜水艦は危うく助かっている。さて今回、「テュール」は「ロンボク水道の岩礁に乗り上げて、身動きできなくなっていた日本の小貨物船にとどめを刺せ」と命令されてやってきたものである。

これを砲撃で沈めてから西進した「テュール」は、突如、九九式軍偵察機が丘の上から現われたので驚いた。爆弾は「テュール」の後方一五メートルに落下した。同艦は海底の泥の中に身をひそめた。軽い損傷をこうむったけれど「テュール」はそのまま作戦を続けた。それにしても、洋上作戦の苦手な陸軍機が、よくやったと言えよう。もっともロンボク水道は陸岸のそばだから、さほど遠洋飛行ではないけれど。

●米潜水艦セロ（一九四五年七月十八日）

四隻の貨物船を沈めた米潜水艦「セロ」は六月、ハワイより出撃した。もうこのころには日本の商船はおおかた沈没し、米潜水艦は獲物の少ないのを嘆いていた。

「セロ」は北海道の東端の北方、つまり千島列島の南部で七月十八日、突如、艦上攻撃機天山から六〇キロ爆弾一発を受けた。天山は二五〇キロ爆弾を四発まで積めるのに、六〇キロ爆弾とは欲がない。これは第九〇三航空隊機であろう。千葉県館山で八ヵ月前に開隊した第九〇三航空隊も、第九〇一航空隊に続く護衛専門の航空隊だ。しかし同隊は第九〇一航空隊と違って九七式、二式の飛行艇はもっていない。第九〇三航空隊は北海道の東部、厚岸（あっけし）や樺太（サハリン）、千島列島などに分遣隊を置いていた。

深度一三〇メートルで航行中に被爆した「セロ」は、第一潜望鏡が使用不能となった。艦橋の外側はねじれてしまい、内部の器材は破壊されてしまう。補助ジャイロ・コンパスからは水銀が飛び散った。「セロ」は以降の戦闘を断念して、修理のため基地に戻った。たった一発の小型爆弾にしては余裕の有効打だったといえよう。なお米艦長は「グレース嬢＝新鋭の艦上攻撃機流星」と書いているが、これが天山の誤認であることはいうまでもあるまい。

最後に敵潜水艦に体当たりしたと報ぜられる辰鳳丸（六三三四総トン、辰馬本家商店）について記そう。一九四二年四月の初め、同船はマーシャル群島ブラウン島（ビキニの隣）への軍需品輸送を終え、横須賀へ帰りかけていた。

満月のもと浮上した潜水艦一隻からの魚雷二本の航跡が見える。体当たりしようと転舵した辰鳳丸に、敵はあわてて潜航した。辰鳳丸は船底でガツガツという異常な音を聞いた。これは一九四二年四月十二日付の新聞に大きく「米潜水艦を尻にしく。丸腰また殊勲！」として大きく発表された。しかし、アメリカ側資料には、これを裏づける記載がないのは残念である。

艦種別対潜スコア 〈大破した４隻を含む〉

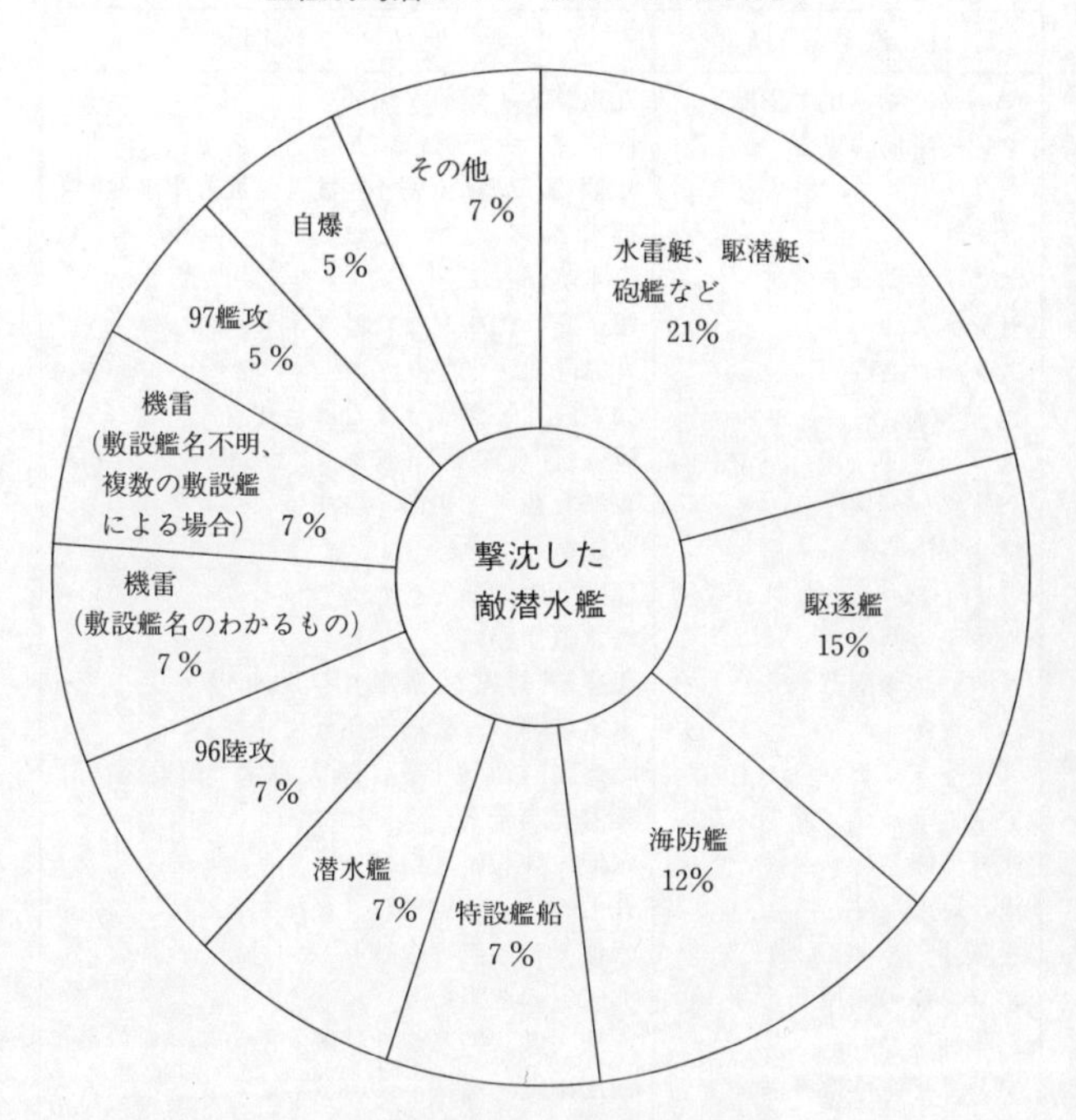

対潜スコア艦種別分類表 〈(　)は大破の４隻を含んだ数〉

機雷(敷設艦名のわかるもの)	４隻	97式艦上攻撃機	３隻
機雷(敷設艦名不明、複数で敷設したもの)	４隻	96式陸上攻撃機	４隻
駆逐艦	９隻	自爆(事故)	３隻
潜水艦	４隻	陸上砲台	１隻
水雷艇、駆潜艇、砲艦など	(13)12隻	陸軍99式軍偵察機	１隻
特設艦船(商船改造)	４隻	？	(２)１隻
海防艦	(８)６隻	計	(60)56隻

沈没場所	原因
マニラ、キャビテ港内	九六陸攻・爆撃・着底
マレー半島の東方	辰宮丸の九三式機雷
〃	水偵・駆逐艦「天霧」「綾波」「浦波」、駆潜艇8号
〃	機雷？
ボルネオ島クチン沖	潜水艦伊166
セレベス沖	駆逐艦「山風」または「雷」
スラバヤ港内	九六陸攻・爆撃
〃	九六陸攻・爆撃・または自沈
スラバヤ沖、スラバヤ港内	駆逐艦「天津風」「初風」により大破自沈
バリクパパン沖　〃	駆潜艇12号で損傷・自沈
ジャワ海	駆逐艦「潮」
アリューシャン、キスカ島沖	鹿野丸の砲撃
米本土の西岸	潜水艦伊25
ラバウルの南方	駆逐艦「舞風」「磯風」、九九艦爆
〃	水雷艇「鵯」、駆潜艇18号
ニューブリテン島の南方	駆逐艦「村雨」「峯雲」または水上偵察機
アドミラルティ諸島の北方	駆潜艇24号？
津軽海峡	水偵・敷設艇「白神」
マラッカ海峡	九七艦攻、捕獲網艇「長江丸」
三陸沖	水偵・敷設艇「白神」
ルソン島の西岸	北安丸の体当たり
三陸沖	水偵・敷設特務艇「葦崎」
フィリピン中部	河用砲艦「唐津」・九七艦攻
千島列島、幌筵島	海防艦「石垣」
宗谷海峡	水偵・駆潜艇15・43
ペナン沖	駆潜艇20号
トラック島の南方	潜水艦伊176
〃　の北方	駆逐艦「山雲」
セレベス沖	水偵・敷設艦「若鷹」
黄海	機雷？
沖縄の南西方	九七艦攻

日本海軍対潜スコア一覧表

No.	国籍	艦名	沈没年月日
1	米	シーライオン	1941・12・10
2	オランダ	O16	〃・12・15
3	〃	O20	〃・12・19
4	〃	K17	〃・12・21～22？
5	〃	K16	〃・12・25
6	米	シャーク	1942・2・？
7	オランダ	K7	〃・2・18
8	〃	K13	〃・2・24
9	〃	K10	〃・3・2
10	〃	K18	〃・3・2
11	米	パーチ	〃・3・3
12	〃	グルニオン	〃・7・31
13	ソ連	L16	〃・10・11
14	米	アルゴノート	1943・1・10
15	〃	アンバージャック	〃・2・16
16	〃	グラムパス	〃・3・5
17	〃	トライトン	〃・3・15？
18	〃	ピッケレル	〃・4・3
19	〃	グレナディナ	〃・4・22
20	〃	ランナー	〃・6・16～24？
21	〃	グレイリング	〃・9・9
22	〃	ポムパノウ	〃・9・17～18
23	〃	シスコ	〃・9・28
24	〃	S44	〃・10・8
25	米	ワフー	〃・10・11
I	英	タウラス(大破)	〃・11・14
26	米	コービナ	〃・11・17
27	〃	スカルピン	〃・11・19
28	〃	カペリン	〃・11・23
29	〃	スコーピオン	1944・1～2・？
30	〃	グレイバック	〃・2・26

沈没場所	原因
大東島の南方	駆逐艦「朝霜」
マラッカ海峡	水上艦艇または九七艦攻
パラオ沖	自分の魚雷
硫黄島沖	九六陸攻
千島列島、松輪島	砲台
三陸沖	機雷または特設監視艇
パラワン島の西方	機雷？
バラバク海峡	機雷
ルソン島の西方	海防艦22号
黄海の入り口	機雷
ルソン島の北西方	駆逐艦「春風」
台湾の北西方	自分の魚雷
パラワン島の西方	戦闘中座礁、放棄
九州の南方	海防艦22、33号
津軽海峡	機雷
マニラ湾	駆逐艦「時雨」、海防艦「千振」、19号
八丈島沖	海防艦 4 号
ルソン海峡	海防艦6、3号？
マラッカ海峡	駆潜艇35号
沖縄の西方	機雷
マラッカ海峡	駆潜艇9号または天山艦攻
ボルネオの北方	九七艦攻？
奄美大島の北東方	日本潜水艦または機雷
豊後水道の南方	海防艦「御蔵」、33、59号
中国の南岸	日本海軍機または海防艦
シャム湾	敷設艦「初鷹」
ジャワ海の西方	船団護衛小艦艇
日本海、富山沖	海防艦「沖縄」・その他の海防艦
ロンボク海峡	陸軍九九式軍偵察機

No.	国　籍	艦　名	沈没年月日
31	米	トラウト	1944・2・29
32	英	ストンヘンジ	〃・3・?
33	米	タリビー	〃・3・26
34	〃	ガジョン	〃・4・18
35	〃	ヘリング	〃・5・31
36	〃	ゴレット	〃・6・14～18?
37	〃	ロバロ	〃・7・26
38	〃	フライアー	〃・8・13
39	〃	ハーダー	〃・8・24
40	〃	エスコラー	〃・10・?
41	〃	シャークII	〃・10・24
42	〃	タング	〃・10・25
43	〃	ダーター	〃・10・25
II	〃	サーモン(大破)	〃・10・30
44	〃	アルバコア	〃・11・7
45	〃	グロウラー	〃・11・7～8
46	〃	スキャンプ	〃・11・11
III	〃	ハリバット(大破)	〃・11・14
47	英	ストラタジェム	〃・11・22
48	米	ソードフィッシュ	1945・1・3～9?
49	英	ポーパス	〃・1・11?
50	米	バーベル	〃・2～3～4
51	〃	キート	〃・3・20?
52	〃	トリッガー	〃・3・27
53	〃	スヌーク	〃・4・12～20?
54	〃	ラガート	〃・5・3?
IV	英	テラピン(大破)	〃・5・19?
55	米	ボーンフィッシュ	〃・6・19
56	〃	ブルヘッド	〃・8・6

※このほかにシーウルフ(味方に攻撃され沈められる)、テンプラー、タリホー(共に英潜水艦で小破)の記録もあるが、これは割愛。

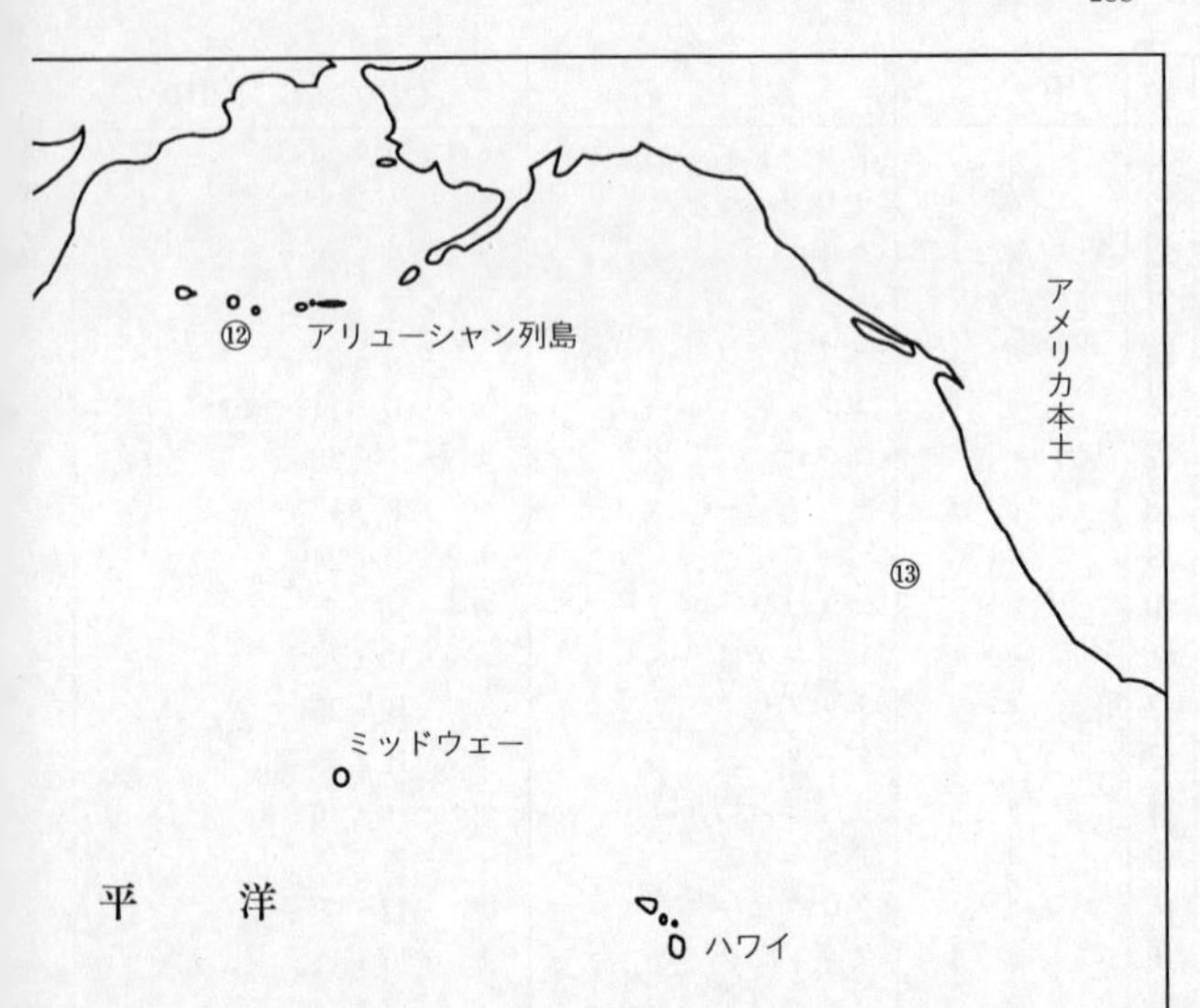
⑫
アリューシャン列島
アメリカ本土
⑬
ミッドウェー
平　洋
ハワイ
ソロモン諸島

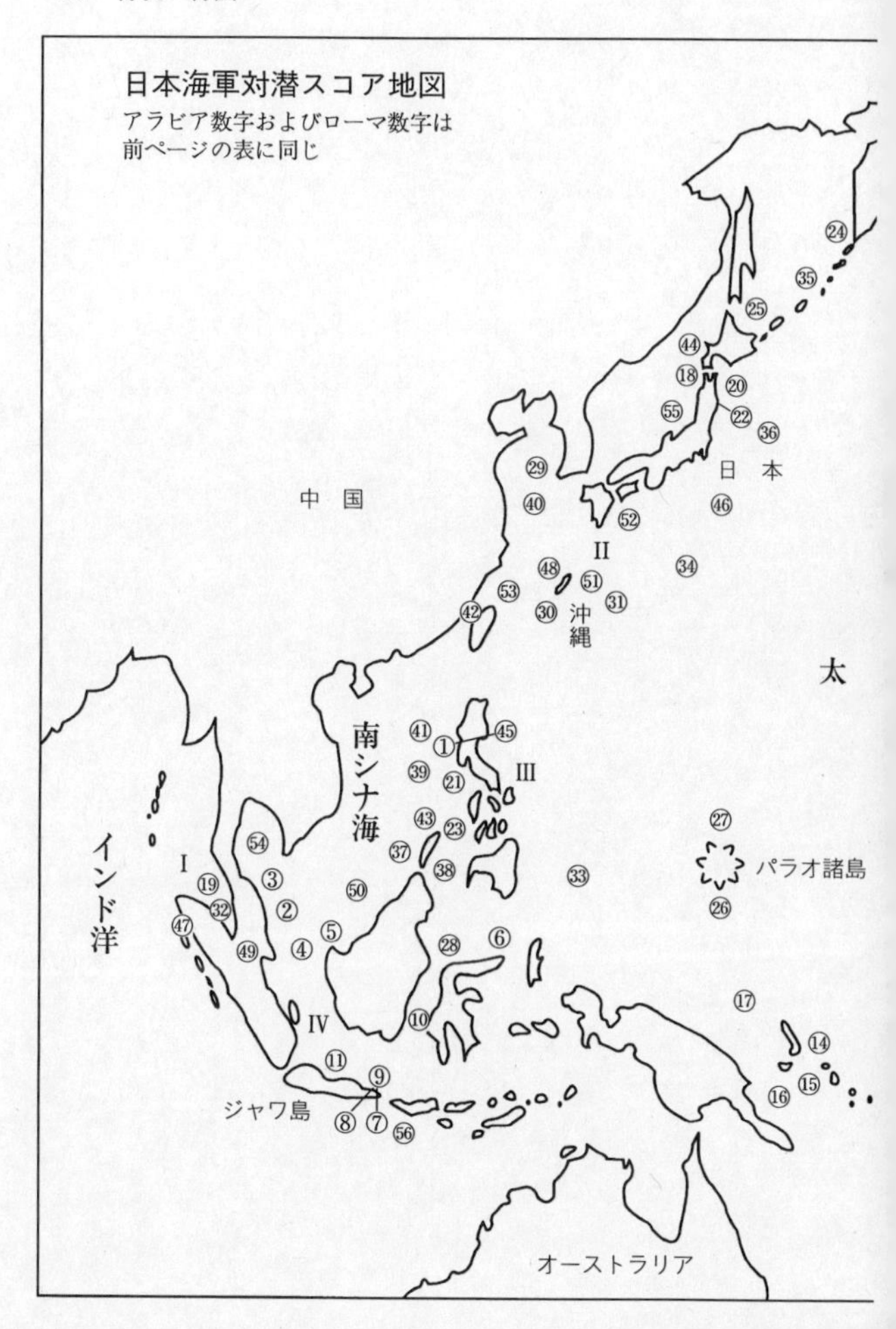
日本海軍対潜スコア地図
アラビア数字およびローマ数字は
前ページの表に同じ
中　国
日　本
沖縄
太
南シナ海
インド洋
パラオ諸島
ジャワ島
オーストラリア
I
II
III
IV
①
②
③
④
⑤
⑥
⑦
⑧
⑨
⑩
⑪
⑭
⑮
⑯
⑰
⑱
⑲
⑳
㉑
㉒
㉓
㉔
㉕
㉖
㉗
㉘
㉙
㉚
㉛
㉜
㉝
㉞
㉟
㊱
㊲
㊳
㊴
㊵
㊶
㊷
㊸
㊹
㊺
㊻
㊼
㊽
㊾
㊿
51
52
53
54
55
56

単行本　平成元年八月「敵潜水艦攻撃」改題　朝日ソノラマ刊

NF文庫

潜水艦攻撃 新装版

二〇一六年五月十四日 印刷
二〇一六年五月二十日 発行

著 者 木俣滋郎
発行者 高城直一
発行所 株式会社潮書房光人社
〒102-0073 東京都千代田区九段北一-九-十一
振替／〇〇一七〇-六-五四六九三
電話／〇三-三二六五-一八六四(代)
印刷・製本 図書印刷株式会社
定価はカバーに表示してあります
乱丁・落丁のものはお取りかえ致します。本文は中性紙を使用

ISBN978-4-7698-2949-2 C0195
http://www.kojinsha.co.jp

NF文庫

刊行のことば

第二次世界大戦の戦火が熄んで五〇年——その間、小社は夥しい数の戦争の記録を渉猟し、発掘し、常に公正なる立場を貫いて書誌とし、大方の絶讃を博して今日に及ぶが、その源は、散華された世代への熱き思い入れであり、同時に、その記録を誌して平和の礎とし、後世に伝えんとするにある。

小社の出版物は、戦記、伝記、文学、エッセイ、写真集、その他、すでに一、〇〇〇点を越え、加えて戦後五〇年になんなんとするを契機として、「光人社NF（ノンフィクション）文庫」を創刊して、読者諸賢の熱烈要望におこたえする次第である。人生のバイブルとして、心弱きときの活性の糧として、散華の世代からの感動の肉声に、あなたもぜひ、耳を傾けて下さい。